호킹이 들려주는 **빅뱅 우주** 이야기

호킹이 들려주는 빅뱅 우주 이야기

초　판　1쇄 발행일 | 2005년 2월 4일
개정판　1쇄 발행일 | 2010년 9월 1일
개정판 22쇄 발행일 | 2021년 5월 31일

지은이 | 정완상
펴낸이 | 정은영
펴낸곳 | (주)자음과모음

출판등록 | 2001년 11월 28일 제2001－000259호
주　　소 | 04047 서울시 마포구 양화로6길 49
전　　화 | 편집부 (02)324－2347, 경영지원부 (02)325－6047
팩　　스 | 편집부 (02)324－2348, 경영지원부 (02)2648－1311
e－mail　| jamoteen@jamobook.com

ISBN 978－89－544－2004－4 (44400)

호킹이 들려주는

빅뱅 우주 이야기

| 정완상 지음 |

㈜자음과모음

스티븐 호킹을 꿈꾸는 청소년을 위한 '빅뱅 우주론' 과학 혁명

20세기 아인슈타인의 상대성 이론이 발표되면서 과학자들은 블랙홀, 웜홀, 화이트홀 들에 관한 새로운 우주 이론을 만들게 되었습니다. 20세기 중반에 우리는 아인슈타인 이후 상대성 이론에 대해 가장 잘 알고 있다는 천재 물리학자 스티븐 호킹을 만납니다. 몸이 불편한데도 그의 머릿속에는 우주의 지도가 완벽하게 그려져 있습니다.

빅뱅이란 우주가 고온 고압의 한 점에서 커다란 폭발을 통해 지금의 우주처럼 커졌다는 우주 창조 이론으로, 우주에 대한 기존의 생각을 뒤엎는 혁명적인 우주 이론입니다. 이 모델을 이용하여 물리학자들은 우주의 나이나 온도를 알 수 있게 되었고 우주가 앞으로 어떻게 진화될 것인가도 예측할 수 있게 되었습니다. 물론 빅뱅 이론의 창시자는 러시아의 가모이지만 20세기 후반에 가장 위대한 천체 물리학자로 일컬어지는 스티븐 호킹에 의해 더욱 멋지게 표현되었습니다.

저는 KAIST에서 빅뱅 우주론을 심도 있게 공부하였습니다. 빅뱅 우주, 블랙홀에 대한 연구와 그동안 대학에서 강의했던 내용을 토대로 이 책을 썼습니다.

이 책은 스티븐 호킹이 청소년들에게 9일간의 수업을 통해 빅뱅 우주를 느낄 수 있도록 하는 상황을 설정하고 있습니다. 스티븐 호킹은 참석한 청소년들에게 질문을 하며 간단한 일상 속의 실험을 통해 빅뱅 우주를 가르치고 있습니다.

청소년들이 쉽게 빅뱅 우주론을 이해하여, 한국에서도 언젠가는 스티븐 호킹과 같은 훌륭한 물리학자가 나오길 간절히 바랍니다.

끝으로 이 책을 출간할 수 있도록 배려해 준 강병철 사장님과, 편집부의 모든 식구들에게 감사의 뜻을 표합니다.

정 완 상

차례

1 첫 번째 수업
우주에는 어떤 물질들이 있을까요? ◦ 9

2 두 번째 수업
별이 죽으면 무엇이 될까요? ◦ 23

3 세 번째 수업
밤하늘은 왜 어두울까요? ◦ 39

4 네 번째 수업
우주의 나이는 몇 살일까요? ◦ 51

5 다섯 번째 수업
빅뱅 이야기 ◦ 63

6 여섯 번째 수업
우주 탄생 시나리오 ○ 73

7 일곱 번째 수업
우주가 우주를 낳을 수도 있을까요? ○ 85

8 여덟 번째 수업
우리 우주의 모습은? ○ 95

9 마지막 수업
우주에 외계인이 있을까요? ○ 107

부록

오즈 우주의 마법사 ○ 117
과학자 소개 ○ 164
과학 연대표 ○ 166
체크, 핵심 내용 ○ 167
이슈, 현대 과학 ○ 168
찾아보기 ○ 170

첫 번째 수업

1

우주에는 어떤 물질들이 있을까요?

우주의 별과 별 사이에는 캄캄한 어둠뿐일까요?
우주를 이루고 있는 물질에 대해 알아봅시다.

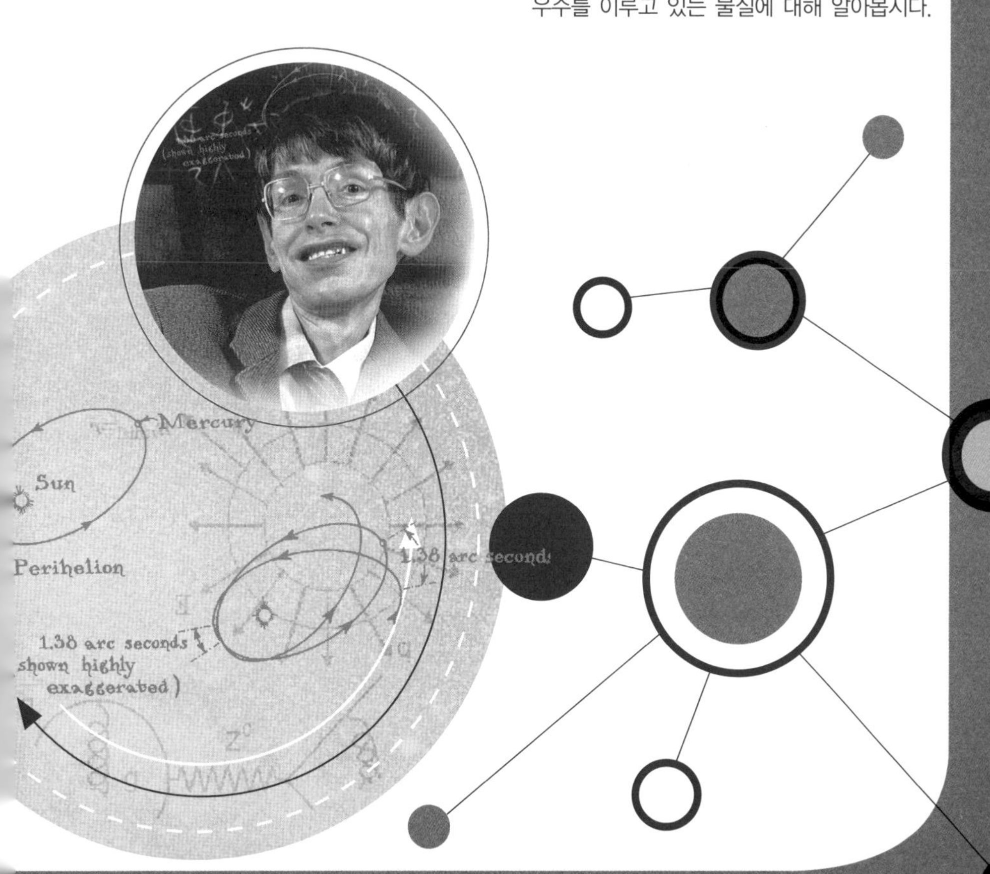

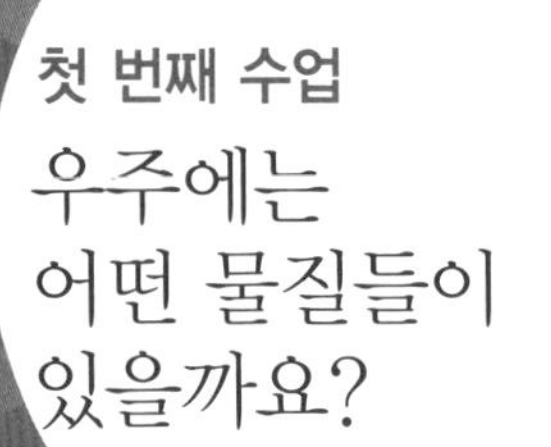

1

첫 번째 수업

우주에는 어떤 물질들이 있을까요?

교과 연계.

초등 과학 5-2	7. 태양의 가족
중등 과학 2	3. 지구와 별
	7. 전기
고등 과학 1	5. 지구
고등 물리 II	3. 원자와 원자핵
고등 지학 II	4. 천체와 우주

호킹의 첫 수업은 헤이트 산 정상에 있는 천문대에서 이루어졌다.

학생들은 웅장한 천문대의 돔 옆에 놀이터가 딸린 기숙사에서 생활했다. 첫날밤 학생들과 호킹은 천문대 앞에 모여 밤하늘의 별을 쳐다보았다. 산꼭대기라서 그런지 집에서 볼 때보다 훨씬 많은 별이 반짝이고 있었다.

지금 여러분이 보고 있는 밤하늘이 바로 우주입니다. 물론 지구도 우주 속에 있지요. 오늘은 우주에 어떤 것들이 있는지 알아보겠습니다.

스스로 빛과 열을 내는 천체를 별 또는 항성이라고 부릅니

다. 밤하늘에 보이는 수많은 별들이 바로 항성이지요. 태양계에서는 오로지 태양만이 항성입니다.

항성의 주위를 빙글빙글 돌고 있는 천체를 행성이라고 부릅니다. 지구를 비롯해 수성, 금성, 화성 등이 행성이지요. 물론 모든 행성들이 태양 주위만을 맴도는 것은 아닙니다. 우주에는 엄청나게 많은 별이 있으니까요. 하지만 행성은 스스로 빛을 내지 못합니다.

행성의 주위를 빙글빙글 도는 것을 위성이라고 합니다. 달은 바로 위성입니다. 위성도 역시 스스로 빛을 내지 못합니다.

아주 멀리 떨어진 별 주위를 도는 행성을 볼 수 있을까요?

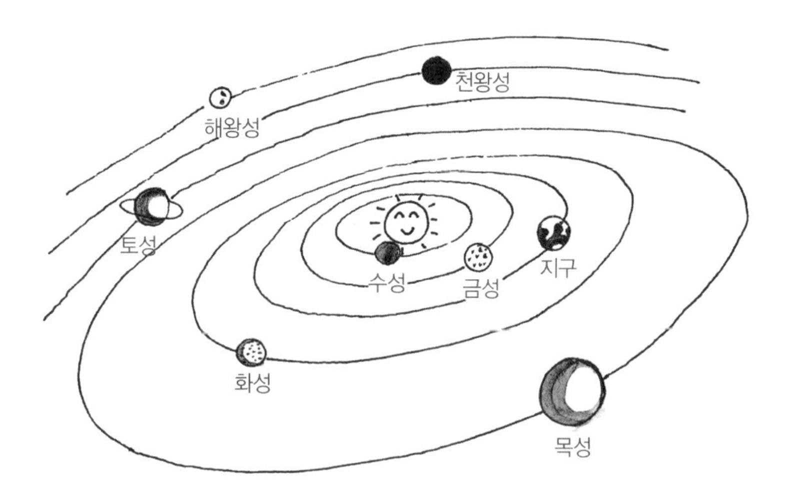

별은 스스로 빛을 내기 때문에 지구에서 보이지만, 아주 멀리 떨어진 곳에 있는 행성이나 위성은 우리 눈에 보이지 않습니다.

호킹은 갑자기 어디론가 뛰어갔다. 저 멀리서 2개의 불빛이 보였다.

여러분은 2개의 랜턴에서 나오는 불빛을 보고 있어요. 랜턴을 들고 있는 내가 보이나요?

__안 보여요.

호킹은 랜턴 2개를 들고 학생들 앞으로 다가왔다. 2개의 랜턴 사이에 서 있는 호킹의 모습이 서서히 눈에 들어왔다.

이제 내가 보입니까? 빛을 내는 랜턴 사이에 빛을 내지 못하는 내가 서 있으니까 마치 내가 없는 것처럼 눈에 보이질 않죠? 밤하늘의 별과 별 사이에 있는 이름 모를 또 다른 별들도 이와 마찬가지예요. 별들은 아주 멀리 있어서 그 사이에 빛을 내지 못하는 뭔가가 있다 해도 눈으로 볼 수가 없지요. 그러니 별과 별 사이에 아무것도 없다고 생각하지 마세요.

별처럼 멀리 있어도 눈에 보이는 물질을 밝은 물질이라 하고, 행성이나 위성처럼 스스로 빛을 내지 못해 멀리서는 볼 수 없는 물질을 암흑 물질이라고 합니다. 우주에는 물론 행성과 위성이 아닌 거대한 암흑 물질들도 있답니다.

우주는 밝은 물질과 암흑 물질로 이루어져 있다.

우주의 주인공, 수소

밤하늘에는 많은 별들이 떠 있습니다. 별들은 언제 어떻게 만들어졌을까요? 또 지구로부터 얼마나 멀리 떨어져 있을까요? 이제 별에 관한 신비스러운 이야기를 들려주겠습니다.

호킹은 손에 풍선을 들고 왔다. 그리고 학생들 앞에서 풍선을 놓았다. 풍선이 위로 떠올랐다.

이 풍선 안에는 수소 기체가 들어 있어요. 수소는 공기보다 가벼워서 위로 올라간답니다.

학생들은 호킹이 뜬금없이 수소 이야기를 하는 이유를 알 수 없었다. 그래서 천장에 붙어 있는 풍선을 물끄러미 바라보고 있었다.

수소는 이 세상에 있는 수많은 원자 중에서 제일 가볍습니다. 그리고 구조도 제일 간단하지요. 수소 원자는 원자핵 주위를 전자 하나가 빙글빙글 돌고 있는 모습입니다. 수소의 원자핵 속에는 양성자 1개가 들어 있지요. 양성자는 전자와 크기는 같고 양(+)전기를 띠고 있습니다. 전자는 음(−) 전기를 띠고 있지요. 또한 양성자는 전자에 비해 약 1,840배 무겁습니다.

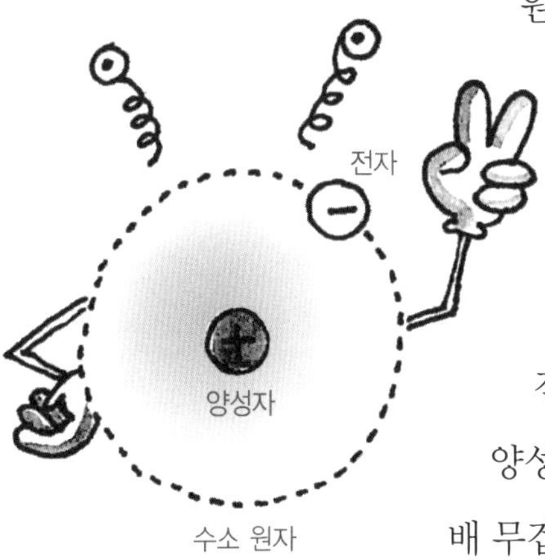

전자

양성자

수소 원자

바로 이 수소가 우주의 주인공입니다. 우주가 처음 생겨났을 때는 온통 수소뿐이었지요. 하지만 현재 우주에는 수소가 75% 정도이고 나머지의 대부분은 헬륨이며, 수소와 헬륨을 제외한 나머지 원소는 다 합쳐서 1%도 안 됩니다. 시간이 흐를수록 우주에서 수소의 양이 줄어들고 있으며 반대로 헬륨의 양은 점점 많아지고 있습니다.

호킹은 또 다른 풍선을 들더니 그 안의 기체를 들이마셨다. 순간 호킹의 목소리가 괴상하게 변했다.

풍선 안에는 헬륨 기체가 들어 있습니다. 그것이 내 목소리를 변하게 한 것이지요. 그렇다면 헬륨은 어떤 원소일까요?

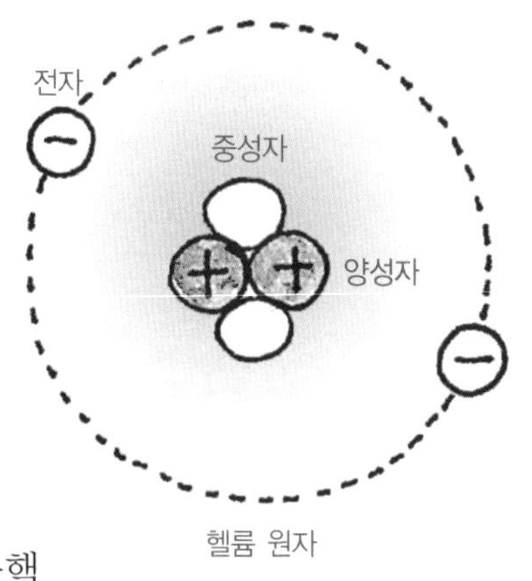

헬륨 원자

헬륨은 수소 다음으로 가벼운 원소로, 수소보다 4배 무겁습니다. 헬륨의 원자핵 속에는 양성자와 중성자가 2개씩 있고 2개의 전자가 핵 주위를 돌고 있습니다. 중성자는 양성자와 질량은 거의 같지만 전기를 띠지 않습니다.

성간 물질과 성운

지구와 달 사이에는 아무것도 없을까요? 그렇지는 않습니다. 우주 공간에는 아주 작은 알갱이들이 떠돌아다니고 있는데, 그것을 성간 물질이라고 부릅니다. 그런데 우리 눈에는 지구와 달 사이에 아무 물질도 없는 것처럼 보이지요? 그 이유는 성간 물질이 너무 적게 있기 때문입니다.

그렇다면 성간 물질이 얼마나 적은 것일까요? 가로, 세로, 높이가 1cm인 정육면체에 수소 원자가 1개 정도 있다고 생각하면 됩니다. 수소 원자는 지름이 100억분의 1m인 공 모양을 하고 있지요. 그러니까 수소 원자를 축구공 크기라고 가정했을 때 가로, 세로, 높이가 각각 25,000km인 곳에 축구공 1개 정도가 있는 셈입니다. 그러니까 성간 물질이 얼마나 적게 있는지 알겠지요?

성간 물질은 주로 기체 상태의 수소입니다. 이것을 성간 가스라고 부르지요. 그런데 개중에는 기체가 아닌 성간 물질도 있습니다. 이것들은 우주를 떠돌아다니는 조그만 고체 알갱

이들로, 우주 먼지라고 부릅니다. 성간 가스와 우주 먼지를 통틀어서 성간 물질이라고 부르지요.

우주의 어떤 곳에는 성간 물질이 많이 모여 있습니다. 이런 곳은 별빛을 많이 반사시키기 때문에 우리 눈에 아름다운 모습으로 보이죠. 이곳을 성간 물질들의 구름이라는 뜻에서 성운이라고 부릅니다.

별의 탄생

성운은 바로 별들의 고향입니다. 그러니까 별이 생겨나는 곳이죠. 그럼 별이 어떻게 생겨나는지 한번 살펴볼까요?

호킹은 학생들을 데리고 솜사탕을 만드는 곳으로 갔다. 원통형의 쇠틀 가운데에 젓가락이 꽂혀 있었다. 호킹이 스위치를 올리자 원통 가장자리에서 먹는 솜이 날아와 젓가락에 달라붙더니 점점 동그랗게 부풀어 올랐다.

지금 여러분은 별이 만들어지는 모습을 본 것입니다. 가장자리의 솜들이 날아와 가운데로 모이면서 점점 동그랗고 크게 부풀듯이, 우주의 성간 물질들이 한군데 모여들면서 서로 달라붙어 별이 되는 거지요.

왜 성간 물질들이 한군데 모일까요? 그것은 간단한 물리 법칙 때문입니다. 일반적으로 물질들은 빽빽한 곳보다는 여유 있는 곳을 좋아한답니다.

예를 들어, 다음과 같이 칸막이가 있는 방이 2개 있는데, 한쪽에는 공기가 들어 있고 다른 한쪽 방에는 공기가 없는 진공 상태라고 해 보지요. 이때 칸막이를 열면 빽빽한 곳에 있던 공기들이 순식간에 진공 방 속으로 옮겨 갑니다.

성간 물질도 마찬가지입니다. 성운 속에서 순간적으로 성간 물질이 없는 곳이 생기면 주변의 성간 물질들이 그곳으로 몰려들어 별을 만들지요. 이렇게 만들어진 별이 원시별입니다.

성간 물질이 모이면 모두 별이 될까요? 그렇지는 않습니다. 모인 성간 물질의 양이 많으면 별이 되지만 너무 적으면

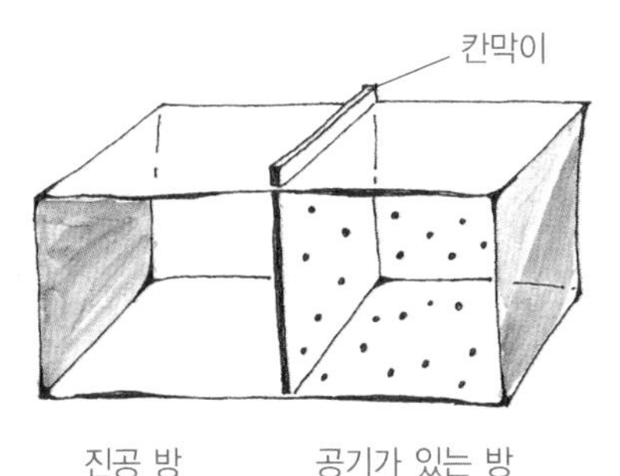

진공 방　　공기가 있는 방

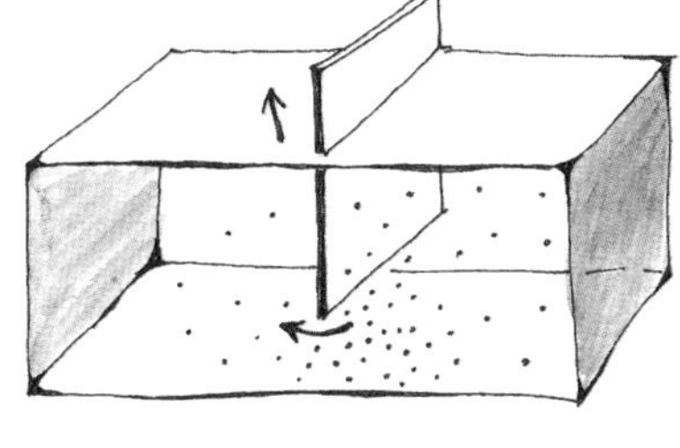

칸막이를 열면 공기는 진공 방으로 이동한다.

별이 되지 못하고 행성이 됩니다. 예를 들어, 목성은 성간 물질이 적게 모여 별이 되지 못한 행성입니다.

성간 물질이 태양 질량의 $\frac{1}{10}$ 이하로 모이면 별이 되지 못하고 행성이 된다.

만화로 본문 읽기

여러분, 우주의 주인공은
누구일까요?

바로 수소입니다. 처음 우주가 생
겼을 때는 대부분이 수소였어요.
우아, 우주가 왜
이렇게 작아.

하지만 현재는 75%만 수소이
고, 나머지 대부분은 헬륨이
차지하고 있지요.
비켜라.
얘들이
자꾸 밀고 들어오네.

수소와 헬륨을 제외한
나머지 물질은 1%도 안 돼요.
3등하고는 비교도
하지 마.
1
2
3

수소는 아주 중요한 역할을 합니다.
수소가 융합 반응을 일으켜 헬륨이
될 때 나오는 빛 에너지가 우리가
보는 별빛이랍니다.

따라서 시간이 흐를수록 우주에서 수
소의 양이 줄어들고 있으며, 반대로
헬륨의 양은 점점 많아지고 있답니다.
언젠가는 수소를
다 몰아낼 거야.
헬륨 때문에
걱정이야.

두 번째 수업

2

별이 죽으면 무엇이 될까요?

별은 어떻게 태어나 어떻게 죽을까요?
별의 일생에 대해 알아봅시다.

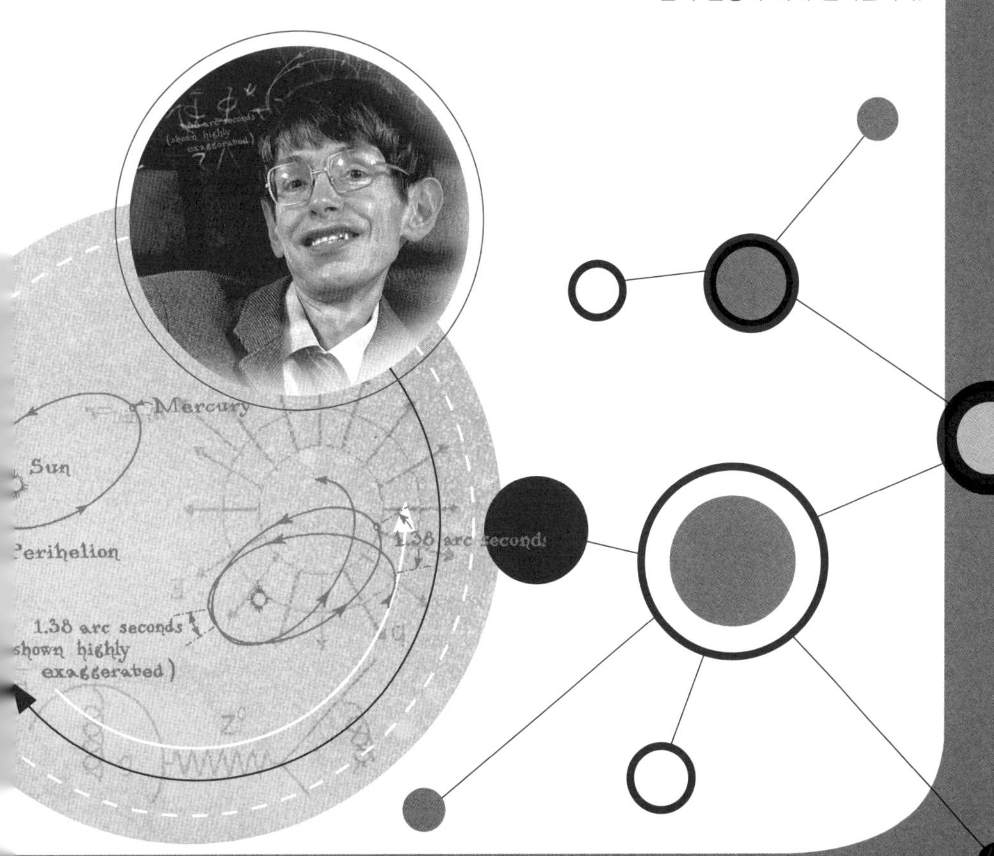

2

두 번째 수업

별이 죽으면 무엇이 될까요?

교. 과. 연. 계.

중등 과학 2	3. 지구와 별
	3. 물질의 구성
중등 과학 3	3. 신비한 우주
고등 지학 I	
고등 물리 II	3. 원자와 원자핵
고등 화학 II	2. 물질의 구조
고등 지학 II	4. 천체와 우주

호킹은 지난 시간에 했던 별 이야기를 강조하며 두 번째 수업을 시작했다.

별은 왜 빛날까요? 첫 번째 수업 시간에, 성간 물질이 한 곳에 모여들어 별을 만든다고 했지요. 이때 모인 성간 물질들 사이의 마찰 때문에 열이 발생합니다. 하지만 이 정도의 열로 별이 그렇게 오랜 시간 동안 탈 수는 없지요.

별이 내는 에너지는 핵융합 때문입니다. 그럼 핵융합에 대해 알아보지요. 성간 물질은 주로 수소 원자입니다. 수소가 뜨거워져서 온도가 1만 ℃가 되면 수소핵 주위를 도는 전자는 멀리 도망가 버립니다. 수소 원자가 뜨거워지면 열을 받은 전자의 에너지가 커지기 때문이지요. 그러면 수소의 핵인

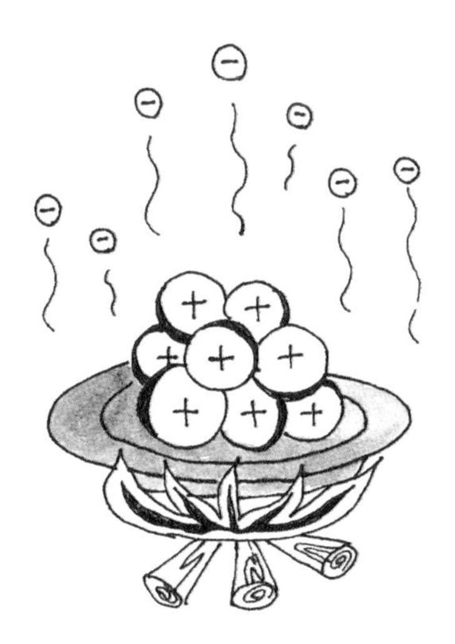

양성자들만 남겠죠? 이런 상태를 플라스마라고 부릅니다.

온도가 1만℃를 넘어서 1,000만 ℃가 되면, 이번에는 양성자 2개가 달라붙습니다. 물론 양성자는 같은 부호의 전기를 띠므로 서로 밀어내는 힘을 갖고 있습니다. 온도가 올라감에 따라 수소의 핵 주위에 더욱 큰 힘이 생기는데, 그 힘이 바로 핵력입니다. 물론 핵력은 양성자가 서로를 당기는 힘이지요. 그래서 두 양성자가 달라붙는 것입니다.

이때 달라붙은 양성자 중 하나가 중성자로 변하는 반응이 일어나지요. 이때 질량은 0.7% 정도 줄어듭니다. 그 줄어든 질량에 대응하는 에너지가 이 반응에서 발생하지요. 이렇게 2개의 핵이 달라붙어 새로운 핵이 되는 반응이 핵융합 반응

핵융합 반응

입니다.

핵융합 반응은 여기서 끝날까요? 그렇지 않습니다. 양성자와 중성자로 이루어진 핵들도 서로 달라붙습니다. 그러면 양성자 2개와 중성자 2개로 이루어진 헬륨의 핵이 됩니다. 물론 이 반응에서도 에너지가 나오지요. 이런 식으로 탄소, 산소, 네온과 같은 무거운 원소들을 만들어 냅니다. 그리고 최종적으로는 철을 만들어 내지요. 그래서 오래된 별의 중심에는 철이 있습니다.

별의 수명

이번에는 별이 얼마나 오래 사는가에 대해 알아보겠습니다. 사람이나 동물에게 수명이 있듯이 별에도 수명이 있답니다. 별도 사람도 영원히 살 수는 없지요.

호킹은 학생들을 데리고 밖으로 나갔다. 그믐이라서 그런지 주위는 깜깜했다. 그때 갑자기 모닥불이 피어올랐다. 캠프파이어였다. 학생들은 모닥불 근처로 달려갔다. 하지만 장작을 한꺼번에 태우지 않고 하나씩 넣어 가며 태우고 있어 불가는 그리 따뜻하지 않았다.

별이 불타는 원리는 지금 여러분이 보는 모닥불의 원리와 비슷합니다. 장작에 불을 붙이면 장작이 타면서 빛과 열을 내지요? 마찬가지로 수소들이 핵융합하여 다른 무거운 원자가 되면서 그 에너지로 빛과 열을 내는 것이 바로 별입니다. 장작이 모두 타면 불이 꺼지듯이 핵융합이 더 이상 일어나지 않으면 별은 빛과 열을 내지 못하게 되는데, 그게 바로 별의 죽음입니다.

학생들은 호킹이 왜 캠프파이어를 하는지 그 이유를 알 수 있었다.

모닥불은 장작의 양에 따라 그 뜨거움이 달라지죠. 별의 경우도 마찬가지이죠. 성간 물질이 적게 모이면 가벼운 별이 되는데, 이때는 핵융합이 천천히 일어나요. 마치 장작을 아껴 쓰듯이 천천히 하나씩 불 속에 밀어 넣을 때처럼. 그러나 장작을 조금씩 넣었으니 오랫동안 불을 피울 수는 있겠죠?

마찬가지로 가벼운 별은 수명이 깁니다. 하지만 핵융합 반응이 활발하지 않으니까 이런 별은 그리 뜨겁지 않지요. 예를 들어, 태양은 표면 온도가 6,000℃ 정도인 그리 뜨겁지 않은 별입니다. 하지만 수명은 100억 년이니까 아주 긴 편이지요.

호킹은 장작을 불 속에 모두 넣고 기름을 부었다. 순간 불길이 위로 높게 치솟았다. 학생들은 너무 뜨거워 바깥으로 도망쳤다.

이것이 바로 무거운 별입니다. 성간 물질이 많이 모이면 핵융합 반응이 활발하게 일어나죠. 그러니까 이런 별들은 매우

뜨거운 별이 됩니다. 하지만 뜨겁게 타오르면 장작이 금세 타서 불이 일찍 꺼져 버리지요. 이와 마찬가지로 무거운 별의 수명은 짧습니다.

자동차를 생각하면 쉽게 알 수 있어요. 도로를 시속 70km로 달리면 기름이 천천히 줄어들고, 시속 150km로 달리면 기름이 빨리 줄어드는 원리와 같습니다.

별의 죽음

사람도 세월이 지나면서 자라듯이, 별도 시간이 지남에 따라 점점 커집니다. 그러면서 별은 점점 차가워집니다. 이것은 점점 핵융합 반응이 적게 일어난다는 것을 의미하지요. 이렇게 점점 커지고 있는 별을 주계열성이라고 하는데, 여러분이 밤하늘에서 보는 대부분의 별은 주계열성입니다.

그럼 별은 시간의 흐름에 따라 한없이 커질까요? 그렇지는 않습니다. 별은 자신의 수명 중에서 90%의 기간 동안에만 커지고 그 이후에는 멈춥니다. 그럼 태양 정도인 별의 일생 중 제일 클 때가 있겠죠? 그때의 별이 바로 적색 거성입니다.

적색 거성은 표면 온도가 낮아 에너지가 낮은 빨간빛을 방

40억 년 뒤

출합니다. 그래서 빨간 별로 보이지요. 예를 들어, 지금 노란 빛을 내는 태양은 태어난 지 50억 년 정도 되었습니다. 그러니까 자신의 수명 중 절반을 산 셈이지요. 앞으로 40억 년 뒤에 태양은 적색 거성이 됩니다. 이때 수성과 금성은 태양에 녹아 버리고 태양에서 가장 가까운 행성은 지구가 됩니다.

이제 별의 죽음에 대해 알아보겠습니다. 별의 수명은 태어났을 때의 질량에 의해 결정된다고 했지요? 별이 죽는 모습도 별의 질량에 따라 다릅니다.

우선 가벼운 별의 최후를 보겠습니다. 태양도 가벼운 별입니다.

호킹은 조그마한 만두를 가지고 왔다. 그리고 부풀어오른 만두를 눌러 조그맣게 만들었다.

가벼운 별들은 만두가 이런 식으로 작게 줄어드는 것처럼, 적색 거성에서 천천히 수축되면서 질량은 그대로이지만 부피가 작아집니다. 이 별이 바로 백색 왜성이지요. 질량은 그대로인데 부피만 작아진 것이므로, 이 별의 밀도는 굉장히 높습니다. 그러니까 백색 왜성에서 떠올린 흙 한 줌의 질량은 1t 정도입니다.

이번에는 무거운 별의 최후를 보겠습니다.

호킹은 좀 더 큰 만두를 가지고 왔다. 만두를 한 손 위에 올려놓고 다른 한 손으로 만두를 힘차게 내려쳤다. 만두는 작아졌지만 만두의 껍질이 터지면서 만두소가 학생들에게 튀었다.

이것이 바로 무거운 별의 최후입니다. 무거운 별은 수축이 일어나는 속도가 빠르지요. 그래서 바깥쪽에 있는 가벼운 기체들이 미처 따라오지 못하고 우주 공간으로 흩어지게 됩니다. 그러니까 만두가 터지면서 속이 주위로 흩어지듯이 별이 폭발하는 거예요. 이러한 과정을 초신성 폭발이라고 합니다. 초신성 폭발이라고 하는 이유는, 이때 바깥으로 날아간 성간 물질들이 다시 한군데로 모여들어 새로운 별을 만들기도 하기 때문이지요. 그러니까 초신성 폭발은 별의 죽음과 탄생이 동시에 일어나는 과정입니다.

1987년에 대마젤란은하에 초신성 SN1987A가 나타났습니다. 태양보다 100배 무거운 별의 폭발이었습니다. 이 별은 12등급의 어두운 별이었는데, 단 2개월 만에 2.9등성으로 엄청나게 밝아졌으므로 틀림없는 초신성이었습니다. 이 별은 지구로부터 16만 광년 거리에 있으므로, 이 폭발은 16만 년 전에 일어난 것입니다. 초신성 폭발은 1054년, 1572년, 1604년, 1987년에 일어났으며 역사적으로 기록될 정도로 아주 희귀한 우주 쇼입니다.

그렇다면 가운데 남아 있는 부분은 어떻게 될까요?

그 부분은 더욱더 수축하게 됩니다. 별은 원자로 이루어져 있고 원자는 원자핵과 전자로 되어 있습니다. 그런데 계속

수축되면 원자핵과 전자가 달라붙게 되지요. 이때 전자는 원자핵 속으로 들어가 양성자와 반응을 일으켜 중성자가 됩니다. 그러니까 모두 중성자가 되지요. 이처럼 중성자로만 이루어진 별을 중성자별이라고 합니다.

이제 중성자별을 관측하러 갈까요?

호킹은 학생들을 데리고 천문대 외계 전파 연구실로 갔다. 학생들은 모니터에 이상한 전파가 규칙적으로 들어오는 모습을 보았다.

이게 바로 중성자별에서 나오는 전파입니다. 중성자별은 아주 빠르게 자전하면서 X선을 방출하지요. 이 전파는 여우자리 방향에 있는 중성자별에서 왔습니다. 전파가 지금 1.3초마다 들어오지요? 이렇게 주기적으로 들어오는 전파를 펄스라고 부르며, 중성자별처럼 특별히 X선 펄스를 내는 별을 펄서라고 합니다. 처음에는 펄서에서 오는 규칙적인 전파를 과학자들은 외계인이 보낸 메시지라고 생각했습니다.

그럼 왜 중성자별(펄서)은 규칙적으로 X선을 방출할까요? 그것은 중성자별이 아주 빠르게 자전하기 때문입니다. 보통의 별은 이렇게 빨리 돌면 물질이 밖으로 나가려는 힘 때문에 깨지게 마련이지만, 중성자별은 워낙 밀도가 높기 때문에 이

렇게 빠른 자전을 견딜 수 있습니다.

자, 이제 중성자별에서 왜 규칙적인 펄스가 오는지 실험해 보기로 합시다.

호킹은 모터에 축이 끼워져 있는 원판을 가지고 나왔다. 그리고 손전등을 2개 켜서 원판의 북쪽과 남쪽 방향을 향하도록 고정시켰다. 그런 다음 스위치를 눌러 원판을 빠르게 회전시켰다.

두 손전등이 서로 반대 방향으로 빛을 비추고 원판이 빠르게 회전하니까, 여러분의 눈에는 손전등의 빛이 주기적으로 비쳤다 안 비쳤다 할 거예요. 그러니까 깜박깜박거리겠지요.

이와 마찬가지로 중성자별의 북극과 남극 방향으로 X선이 방출되는데, 중성자별이 아주 빠르게 자전하니까 우리에게는 X선이 짧은 순간 관측되었다가 다시 관측이 되지 않았다가 하는 것입니다. 그래서 펄스가 규칙적으로 오는 것이지요.

별의 죽음의 끝은 중성자별일까요? 그렇지는 않습니다. 아주 무거운 별은 중성자별에서 수축이 더 일어납니다. 그래서 크기는 아주 작고 질량은 아주 큰 천체가 되어 우리 우주에 구멍을 만들게 되는데, 그것이 바로 블랙홀입니다. 그러니까 블랙홀은 아주 무거운 별의 죽음이지요.

만화로 본문 읽기

가벼운 별들은 이렇게 찐빵을 천천히 힘을 줘서 작게 줄어들게 하는 것처럼, 적색 거성에서 천천히 수축되면서 질량은 그대로이지만 부피가 작아집니다. 이 별이 백색 왜성이지요.

무거운 별은 수축이 일어나는 속도가 빨라요. 그래서 바깥쪽에 있는 가벼운 기체들이 미처 따라오지 못하고 우주 공간으로 흩어지면서 별이 폭발하게 되는데, 이런 과정을 초신성 폭발이라고 합니다.

세 번째 수업 3

밤하늘은 왜 어두울까요?

우주는 끝이 있을까요, 없을까요?
우주에 대한 이야기를 들어 봅시다.

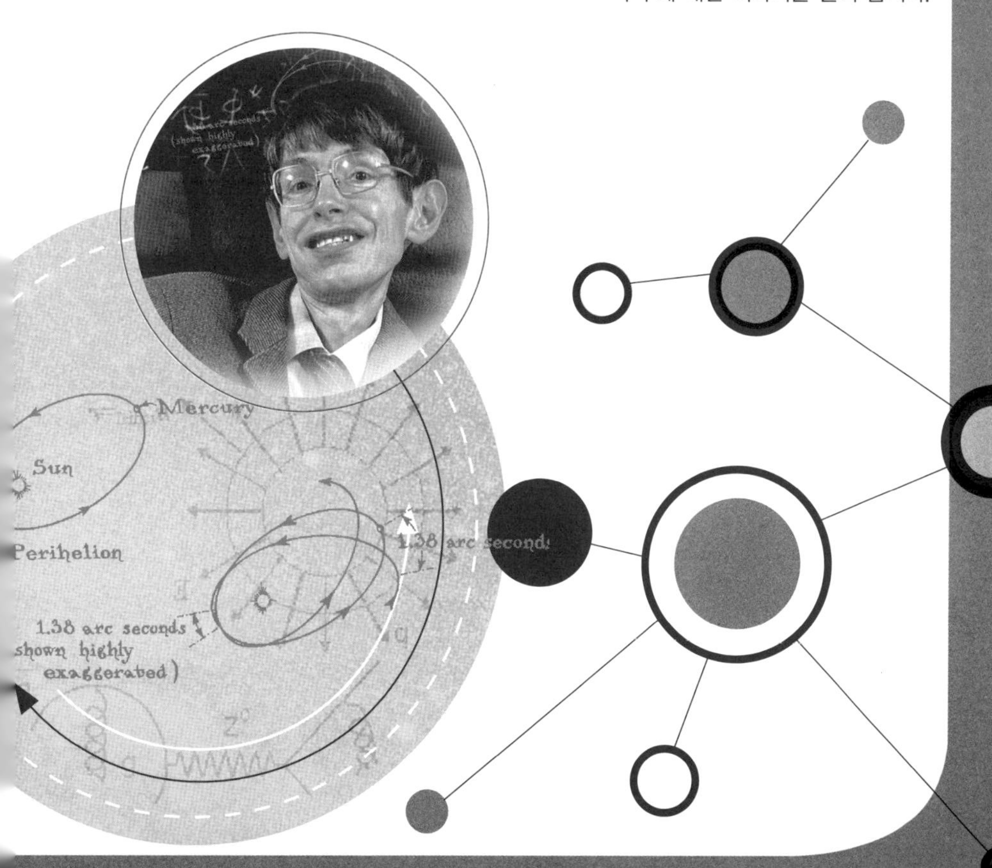

3

세 번째 수업

밤하늘은 왜 어두울까요?

교. 과. 연. 계.		
	초등 과학 5-2	7. 태양의 가족
	중등 과학 2	3. 지구와 별
	중등 과학 3	7. 태양계의 운동
	고등 과학 1	5. 지구
	고등 지학 I	3. 신비한 우주
	고등 지학 II	4. 천체와 우주

호킹의 세 번째 수업은 슬라이드 쇼로 시작되었다.

오늘은 우주에 대한 옛날이야기를 그림과 함께 시작하겠습니다.

아주 먼 옛날 사람들 역시 우주의 모양에 대한 궁금증을 가지고 있었습니다. 기원전 3000년경 고대 바빌로니아 사람들은 그들이 사는 대륙이 세계의 중심이고, 세계의 끝은 높은 산으로 둘러싸여 있다고 생각했지요. 그 산에는 둥근 천장이 있어 세계를 덮고, 태양은 그 둥근 천장을 가로질러 동쪽에서 떠오른다고 믿었습니다.

그리스의 아리스토텔레스(Aristoteles, B.C.384~B.C.322)는

우주의 중심은 지구이고, 지구를 중심으로 하여 달 · 수성 · 금성 · 태양 · 화성 · 목성 · 토성이 돌고 있다고 생각했습니다. 그리고 그 바깥에 모든 별들이 붙어 있는 천구, 즉 항성천이 있어 우주는 이들 9개의 천체로 구성되어 있다고 믿었지요. 이와 같이 아리스토텔레스가 주장한 것이 천동설입니다.

아리스토텔레스는 별이 회전하는 것을 어떻게 설명하였을까요? 현재 우리가 배운 것과는 다르게, 지구는 정지해 있는데 별이 속해 있는 항성천이 회전하기 때문에 우리 눈에 별이 회전하는 것처럼 보인다고 설명했습니다. 그러니까 아리스토텔레스가 생각한 우주는 항성천이라는 끝이 있는 유한 우주인 셈입니다.

그 후 코페르니쿠스(Nicolaus Copernicus, 1473~1543)는 태

양이 우주의 중심이며, 지구를 포함한 행성들이 그 주위를 돌고 있다는 지동설을 주장했습니다. 하지만 코페르니쿠스를 비롯한 많은 과학자들은 우주에 끝이 있다고 믿었지요.

반면 우주에는 끝이 없다고 주장한 과학자도 있었습니다. 이탈리아의 브루노(Giordano Bruno, 1548~1600)는 천구 바깥에도 물질이 있을 것이라고 생각했지요. 그는 "사람이 만일 천구에 가서 천구 밖으로 팔을 뻗으면 그 팔은 있는 것일까, 없는 것일까?"라고 물으면서 천구의 존재를 믿지 않고 무한 우주의 모형을 생각했습니다.

무한 우주, 유한 우주

그럼 우주에는 끝이 있을까요? 아니면 끝없이 넓을까요? 이러한 질문은 아주 오래전부터 과학자들을 골치 아프게 했답니다. 19세기에 올베르스(Heinrich Olbers, 1758~1840)라는 물리학자는 우주가 끝없이 넓다면 밤이 지금처럼 깜깜하지 않고 낮처럼 밝을 거라고 주장했습니다(올베르스의 역설). 올베르스가 왜 그렇게 생각했는지 한번 알아볼까요?

호킹은 커다랗고 동그란 선을 그렸다. 그리고 동그란 선의 중심에 미화를 세웠다. 그리고 호킹과 학생들은 동그란 선에서 손을 잡고 미화의 주위를 에워쌌다. 그리고 미화 쪽으로 조금 다가가거나 아니면 조금 떨어졌다. 손전등을 일제히 켜 가운데에 서 있는 미화를 향해 비추었다. 미화는 모든 방향에서 오는 손전등의 불빛 때문에 눈부셔했다.

지금 미화는 모든 방향에서 온 빛을 받았기 때문에 어디를 보아도 밝게 보였을 것입니다. 손전등을 별이라고 생각하고, 미화를 지구라고 생각해 보지요. 만일 우주가 무한하다면 미화가 어느 방향을 향하든 계속 가다 보면 별 때문에 밤이 낮

과학자의 비밀노트

올베르스(Heinrich Olbers, 1758~1840)

독일의 천문학자이자 물리학자. 1823년 올베르스의 역설을 제기하였다. 올베르스 역설은 우주가 무한하고 천체의 공간적 분포가 균일하다면, 모든 천체로부터 받는 빛에 의해 밤하늘도 대낮처럼 밝아야 한다는 것이다. 하지만 실제로는 그렇지 않다. 왜냐하면 우주는 팽창하고 있고 빛이 우리에게 도달할 수 있는 범위가 유한하기 때문인 것으로 설명되고 있다.

처럼 환해질 것입니다.

물론 먼 곳에서 오는 별빛은 희미하지요. 하지만 희미하다 해도 분명히 빛은 오므로, 모든 방향에 빛이 보인다면 밤하늘에서 어두운 부분은 없어야겠지요.

그래서 올베르스는 '지금과 같이 밤하늘이 어두운 건 우주에 끝이 있어 어떤 방향으로는 별이 있지만 또 다른 방향으로는 별이 없기 때문'이라고 생각했던 것입니다. 그리하여 많은 사람들이 올베르스의 생각대로 우주에는 끝이 있다고 생각했습니다.

하지만 나중에 '우주가 무한하더라도 밤이 어두울 수 있다'는 사실이 알려지면서 올베르스의 주장은 뒤집어지게 됩니다.

빛 이야기

내일 수업을 위해서 잠시 파동과 빛에 대한 이야기를 하겠습니다.

호킹은 연못 근처로 가서 주위에 있는 작은 돌 하나를 연못에 던졌다. 이때 '퐁당' 하는 소리가 나며 잔잔한 연못에 동그란 파문이 만들어졌다.

동그라미가 점점 커지면서 퍼져 나가지요? 이렇게 물질의 어떤 부분에서 일어난 진동이 이웃한 부분으로 차례로 전달되어 나가는 현상을 파동이라고 합니다.

호킹은 줄의 한쪽 끝을 벽에 묶고 팽팽하게 잡아당긴 후 위아래로 천천히 흔들었다.

줄을 위아래로 흔드니까 줄이 오르락내리락하지요? 이것이 바로 파동입니다. 이때 언덕 부분을 파동의 마루라고 하고 골짜기 부분을 파동의 골이라고 합니다. 그리고 마루와 마루 사이의 거리 또는 골과 골 사이의 거리를 파동의 파장이라고 부릅니다.

자, 이번에는 파장이 짧은 파동을 만들어 보겠습니다.

호킹은 줄을 위아래로 아주 빠르게 흔들었다.

마루와 마루 사이의 거리가 짧아졌지요? 이 파동은 파장이

짧은 파동입니다. 줄을 힘있게 흔드니까 파장이 짧아졌습니다. 내가 줄에 큰 에너지를 주면 줄은 큰 에너지를 받아 파장이 짧아집니다. 그러니까 파장이 짧을수록 에너지가 큰 파동입니다.

우리가 서로 주고받은 소리도 파동입니다. 그래서 소리를 음파라고도 부르지요. 노래방에서 높은 음을 낼 때를 생각해 보세요. 힘이 들지요? 그것은 높은 음은 파장이 짧은 소리이기 때문입니다. 그러니까 큰 에너지를 가진 음파를 만들기 위해서는 큰 에너지가 필요한 것이죠.

이번에는 빛에 대해 알아보겠습니다. 빛도 파동입니다. 물체의 색깔이 다르게 보이는 건 빛의 파장에 따라 색깔이 달라지기 때문이지요.

빛에 대해 얘기하기 전에 우선 nm(나노미터)라는 단위를 알아야 합니다. m(미터)의 $\frac{1}{1,000}$을 mm(밀리미터)라고 합니다. mm의 $\frac{1}{1,000}$은 μm(마이크로미터)라고 하지요. 그리고 μm의 $\frac{1}{1,000}$이 바로 nm입니다. 그러니까 1nm는 $\frac{1}{1,000,000}$mm입니다.

빨간빛은 파장 610~760nm의 빛이고, 보랏빛은 380~450nm의 파장을 가진 빛이며, 그 사이에 노란빛, 파란빛 등이 있습니다. 이렇게 우리 눈에 보이기 때문에 색깔로 구분할 수 있는 파장을 가진 빛을 가시광선이라고 합니다. 그러니까 빨간빛에서 보랏빛으로 갈수록 점점 에너지가 큰 빛이 됩니다.

그렇다면 눈에 안 보이는 빛도 있을까요? 물론입니다. 보랏빛보다 파장이 짧으면 눈에 안 보이는데, 그것이 바로 자외선입니다. 그리고 자외선보다 파장이 짧으면 X선이나 감마선이 되지요. 또한 빨간빛보다 파장이 길어도 눈으로 볼 수 없는데, 이때의 것을 적외선이라고 합니다. 적외선보다 파장이 길어지면 마이크로파나 라디오파와 같은 전파가 됩니다. 그러니까 안테나가 수신하는 전파도 알고 보면 눈에 보이지 않는 파장이 긴 빛입니다.

만화로 본문 읽기

아리스토텔레스 님, 우주는 어떻게 생겼나요?

우주의 중심은 지구이고, 지구를 중심으로 달, 수성, 금성, 태양, 화성, 목성, 토성이 돌고 그 바깥에 별이 붙어 있는 천구가 있지요.
그런가요?

무슨 소리입니까? 태양이 우주의 중심이며, 그 주위를 지구를 포함한 행성이 돌고 있는 겁니다.
코페르니쿠스

사람이 만일 천구에 가서 천구 밖으로 팔을 뻗으면 그 팔은 있는 것일까요, 없는 걸까요? 천구는 존재하지 않습니다. 우주는 무한해요.
브루노

지금과 같이 밤하늘이 어두운 건 우주에 끝이 있어서 어떤 방향으로는 별이 있지만, 또 다른 방향으로는 별이 없기 때문입니다.
이 사람은 뭐야?
올베르스

우주는 어렵구나.

네 번째 수업 4

우주의 나이는 몇 살일까요?

우주는 점점 커지고 있을까요?
우주 팽창과 나이에 대해 알아봅시다.

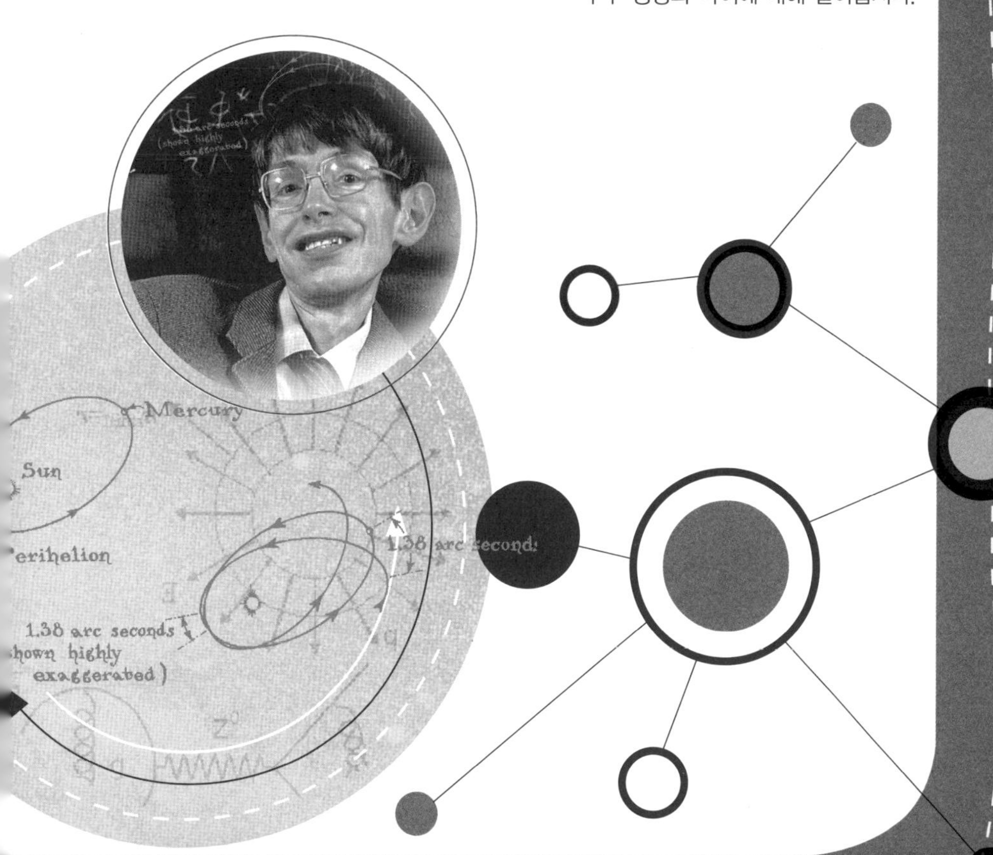

4

네 번째 수업

우주의 나이는 몇 살일까요?

교과연계		
중등 과학 2	3. 지구와 별	
중등 과학 3	7. 태양계의 운동	
고등 과학 1	3. 물질	
고등 물리 1	4. 파동과 입자	
고등 지학 I	3. 신비한 우주	
고등 지학 II	4. 천체와 우주	

호킹은 불지 않은 풍선을 들고 와서 네 번째 수업을 시작했다.

오늘은 우주의 팽창에 대한 이야기와 우리 우주의 나이에 대해 알아보겠습니다.

하늘은 우리 눈에는 어제와 똑같아 보이지요. 우리 눈에 보이는 것처럼 우주는 가만히 정지해 있는 걸까요, 아니면 점점 커지고 있을까요? 또 계속 커지는 걸까요, 아니면 일정 시간 동안 커지다가 다시 줄어들까요? 이제 이런 내용에 대해 알아봅시다.

호킹은 가져온 풍선에 별 스티커를 2개 붙였다.

풍선을 우주라고 가정해 봅시다. 그리고 별 스티커 2개 중 하나는 지구, 다른 하나는 우리 은하에서 가까운 은하의 어떤 별이라고 합시다. 만일 우리의 우주가 점점 커지지 않고 가만히 있다면 지금 이 두 천체 사이의 거리는 처음 그대로일 거예요. 그런데 만일 우주가 점점 커진다면 어떤 일이 벌어질까요?

호킹은 풍선을 크게 불었다. 두 별 스티커 사이의 거리가 점점 멀어지기 시작했다.

두 스티커 사이의 거리가 점점 멀어졌죠? 그러니까 우주가 커지면 우리 지구와 가까운 은하의 별 사이가 점점 멀어져야 할 거예요.

허블의 법칙

이러한 사실을 한 과학자가 관찰을 하였는데, 그가 바로 허블(Edwin Hubble, 1889~1953)이라는 천문학자입니다. 허블은 안드로메다은하를 처음 발견했지요. 다시 말해 우리 은하가 아닌 다른 은하를 처음으로 발견한 거예요.

1924년, 허블은 윌슨 산에 있는 천문대에 올라 당시 가장 지름이 큰 2.5m의 망원경으로 안드로메다은하를 관측하고 있었습니다. 그는 안드로메다은하에 있는 어떤 별이 깜박깜박하면서 밝아졌다 어두워졌다 하는 것을 발견했어요. 이렇게 밝기가 변하는 별을 변광성이라 부릅니다. 특히 밝기가 일정한 간격으로 변하는 것을 세페이드 변광성이라고 하지요. 허블이 발견한 것은 30일마다 밝기가 변하는 세페이드 변광성이었답니다.

세페이드 변광성은 밝을수록 밝기가 변하는 데 걸리는 시간이 길어지는 성질을 갖고 있습니다. 이 사실로부터 세페이드 변광성의 밝기가 변하는 데 걸리는 시간을 측정하면 그 별까지의 거리를 알 수 있지요. 허블은 이 방법으로 안드로메다은하까지의 거리를 계산해 냈습니다.

안드로메다은하까지의 거리는 약 230만 광년이다. 1광년은 빛의 속도로 1년 동안 간 거리다.

허블은 매일매일 안드로메다은하를 관찰했습니다. 그런데 안드로메다에서 오는 별빛이 점점 빨간빛에 가까워지는 것이었어요. 그래서 허블은 안드로메다은하가 우리로부터 멀어지고 있다는 것을 알게 되었지요.

별빛이 빨간빛에 가까워지는 것을 보고 별들이 우리로부터 멀어진다는 사실은 어떻게 알아낸 걸까요? 그것은 바로 도플러 효과 때문입니다. 모든 파동은 관측자로부터 멀어지면 파장이 길어지고, 관측자에게 가까워지면 파장이 짧아집니다.

음파(소리)를 생각해 봅시다. 달리는 오토바이에서 나오는 노래는 오토바이가 멀어지면 음이 낮게 들리고, 가까이 다가오면 높은 음으로 들립니다. 그 이유는 멀어졌을 때 파장이 길어지고 가까워지면서 파장이 짧아지기 때문이지요.

빛도 파동이므로 도플러 효과가 성립합니다. 그러니까 광원이 관측자로부터 멀어지면 파장이 긴 빨간빛이 되고, 관측자로부터 가까워지면 파장이 짧은 파란빛이 관측되는 것이지요.

안드로메다의 별빛이 점점 빨간빛으로 관측되는 것으로 보

아 안드로메다은하가 우리로부터 멀어지고 있는 것을 알 수 있습니다.

그리고 허블은 외부 은하 중 빨간빛을 내는 은하의 별빛 관찰을 통해 안드로메다은하가 우리 은하로부터 멀어지는 속도를 측정했습니다. 그 속도는 두 은하 사이의 거리에 비례합니다. 처음 두 은하는 붙어 있었으므로, 두 은하가 멀어지는 속도는 결국 우주가 팽창하는 속도와 일치합니다.

허블의 법칙 : Vr를 우주의 후퇴 속도, r를 우리 은하와 다른 은하 사이의 거리라 하면, 그 거리는 우주가 팽창한 거리이므로 다음과 같은 공식이 성립합니다.

은하의 후퇴 속도 = 허블 상수 × 우주가 팽창한 거리

$Vr = H \times r$

(이때 비례 상수 H는 허블 상수이다.)

우주 나이

허블의 법칙에 따라, 우주가 점점 팽창한다는 사실로부터 우주의 나이를 알 수 있습니다. 우주의 나이는 우주가 팽창한 시간을 나타냅니다. 그러므로 다음 식이 성립하지요.

팽창한 거리 = 팽창 속도 × 우주 나이

여기서 팽창 속도는 허블 상수와 팽창한 거리와의 곱이므로,

팽창한 거리 = 허블 상수 × 팽창한 거리 × 우주 나이

가 됩니다. 그러므로 양변을 '팽창한 거리'로 나누면,

1 = 허블 상수 × 우주 나이

가 됩니다. 이 식의 양변을 허블 상수로 나누면,

$$\frac{1}{\text{허블 상수}} = \text{우주 나이}$$

가 됩니다. 그러니까 우주 나이는 바로 허블 상수의 역수이지요. 이렇게 하여 알아낸 우리 우주의 나이는 약 137억 살입니다.

우주 지평선

우주의 나이로부터 다시 올베르스의 문제를 생각해 보겠습니다. 독일의 과학자 올베르스는 무한한 우주라면 모든 방향에서 별빛이 오기 때문에 밤하늘이 밝아야 한다고 생각했습니다. 그래서 그가 내린 결론은 우주가 유한하다는 것이었지요. 하지만 우주가 무한하다 하더라도 밤하늘이 어두운 이유를 설명할 수 있습니다.

호킹은 학생들과 마당으로 나갔다. 마당에는 큰 동그라미가 그려져

있고, 동그라미의 안쪽과 바깥쪽에 여러 대의 전기 자동차가 있었다. 호킹은 학생들에게 차에 타라고 했다.

여러분이 탄 차는 초속 1m로 움직이는 전기 자동차입니다. 지금 나는 동그라미의 가운데에 서 있고, 동그라미를 친 곳까지의 거리는 10m입니다. 물론 나로부터 10m보다 짧은 거리에 있는 차도 있고 더 멀리 있는 차도 있습니다. 그럼 내가 10초를 헤아리는 동안 여러분이 나를 향해 차를 몰고 오세요. 제가 10초를 외치면 모두 스위치를 꺼서 차를 정지시키세요.

학생들은 차의 스위치를 눌렀다. 각 방향에서 여러 대의 차가 호킹을 향해 달려갔다. 그리고 호킹이 10초를 외치는 순간 모든 차가 멈췄다.

어떤 차는 나와 부딪쳤고 어떤 차는 아직 나에게 오지 못했습니다. 바로 이것입니다. 우주의 나이는 약 137억 살입니다. 그러니까 137억 광년보다 더 먼 곳에서 나온 빛은 지구에 아직 도착하지 않았습니다. 그래서 밤하늘의 어두운 부분에는 아무것도 없는 게 아니라 어쩌면 지구를 향해 오고 있는 빛이 있을지도 모릅니다. 하지만 아직은 지구에 도착하지 않았으니까 그 부분이 우리 눈에는 어둡게 보이는 거지요.

이렇게 137억 광년보다 더 먼 지역에 대한 정보는 아직 지구에서 알 수가 없습니다. 마치 지평선 아래에 있는 해의 모습을 볼 수 없듯이. 그래서 지구로부터 137억 광년 떨어진 곳을 연결한 것을 우주 지평선이라고 합니다. 그러니까 우리는 우주 지평선 안에 있는 별들만을 보고 있는 것입니다. 시간이 더 흘러 우주가 나이를 더 먹으면 우주 지평선의 크기는 점점 더 커질 것입니다.

만화로 본문 읽기

자, 오늘은 우주의 나이를 한번 알아볼게요.

푸우~
별이 그려진 이 풍선을 우주라고 가정하고 풍선을 불어 보면 별들은 이렇게 계속 멀어지고 있는 것을 볼 수 있습니다.

이러한 사실을 두고 한 과학자가 관찰을 했는데 그게 바로 허블이라는 천문학자입니다. 허블은 안드로메다은하를 처음 발견했지요.

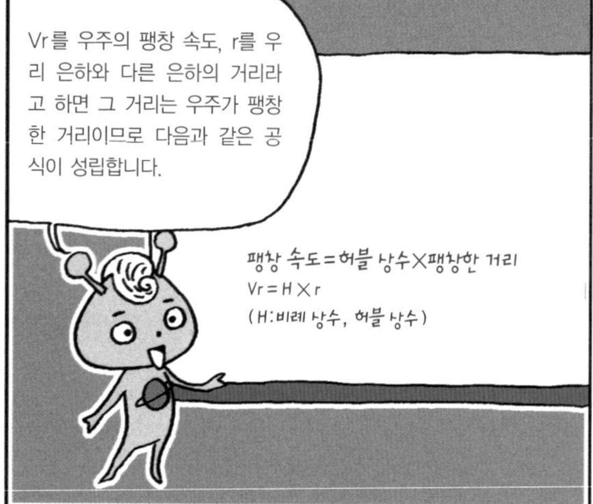
Vr를 우주의 팽창 속도, r를 우리 은하와 다른 은하의 거리라고 하면 그 거리는 우주가 팽창한 거리이므로 다음과 같은 공식이 성립합니다.
팽창 속도=허블 상수×팽창한 거리
Vr=H×r
(H:비례 상수, 허블 상수)

그리고 팽창한 거리=팽창 속도×우주 나이
여기서 팽창 속도는 허블 상수와 팽창한 거리와의 곱이므로
팽창한 거리=허블 상수×팽창한 거리×우주 나이가 됩니다.
그러므로 양변을 팽창한 거리로 나누면
1=허블 상수×우주 나이가 됩니다.
복잡해~

137억 살이면 아빠에 아빠에 아빠가 대체 몇 명이야? 으악~!
이 식의 양변을 허블 상수로 나누면
1/허블 상수 =우주 나이가 되니까 우주 나이는 바로
허블 상수의 역수이지요. 이렇게 하여 알아낸 우리
우주의 나이는 137억 살입니다.

다섯 번째 수업

5

빅뱅 이야기

우주의 시작은 어떤 모습이었을까요?
빅뱅 우주에 대해 알아봅시다.

5

다섯 번째 수업

빅뱅 이야기

교과연계

초등 과학 5-2	8. 에너지
중등 과학 1	3. 상태 변화와 에너지
고등 과학 1	2. 에너지
고등 지학 I	3. 신비한 우주
고등 물리 II	3. 원자와 원자핵
고등 지학 II	4. 천체와 우주

호킹은 초기 우주의 모습을 이야기하면서 다섯 번째 수업을 시작했다.

지금까지 여러분은 우리 우주가 137억 년 동안 계속 팽창하고 있다는 사실을 배웠습니다. 그렇다면 우주의 처음 모습은 어땠을까요? 그것은 간단합니다. 현재 우리 은하와 안드로메다은하가 점점 멀어지고 있으니까, 시간을 거꾸로 돌리면 은하들 사이의 거리가 점점 가까워질 테지요. 그렇다면 우주가 처음 태어났을 때는 모든 은하들이 붙어 하나의 점을 이루고 있을 겁니다.

초기의 우주는 크기가 아주 작은 곳에 많은 물질이 모여 있다 보니까 상상할 수 없을 정도로 뜨겁고 압력이 높은 상태였

습니다. 이것이 대폭발을 일으켜 지금처럼 커다란 우주가 된 것이지요. 이렇게 우주가 한 점에서 폭발해 현재 우주의 크기로 커졌다는 이론이 바로 빅뱅 이론입니다.

우주 초기의 뜨거운 온도는 핵융합을 하기에 좋은 조건입니다. 그러니까 이 시기에 많은 원자핵들이 만들어졌지요. 그리고 우주가 팽창하면서 온도가 내려가 전자들이 핵 주위를 돌게 된 것입니다. 그래서 많은 원자들이 생겨난 것이고요.

자, 이제 여러분들에게 초기 빅뱅 때의 빛을 보여 주겠습니다. 그러니까 137억 년 전의 빛입니다.

학생들은 호킹의 말을 믿지 못하겠다는 눈치였다. 호킹은 학생들을 데리고 지하 암실로 갔다. 암실은 어두웠지만 중앙에 놓인 난로에서 푸르스름한 빛이 나오고 주위는 뜨거웠다.

지금 저 난로는 온도가 아주 높습니다. 온도가 높다는 건 에너지가 크다는 것이지요. 그러니까 난로에서 방출되는 빛도 큰 에너지를 가질 것입니다. 그래서 파장이 짧은 파란빛이 나오는 것입니다. 만일 난로가 훨씬 더 뜨거웠다면 난로에서 나오는 빛은 우리 눈에 보이지 않는 자외선이나 X선이나 감마선이 될 거예요.

호킹은 난로의 송풍구를 닫았다. 바람이 덜 들어가자 난로에서 나오는 빛이 노르스름해지다가 불그스름해지더니 이내 암실은 칠흑같

이 어두워졌다. 하지만 난로의 온기를 느낄 수 있었다.

난로의 온도가 점점 내려가니까 에너지가 줄어들지요? 그러니까 에너지가 작은, 즉 파장이 긴 빛들이 나오기 시작하는 것입니다. 에너지가 더욱 낮아지면 눈에 보이지 않는 적외선이 나오게 됩니다. 그래서 여러분은 난로가 꺼져 불빛을 볼 수 없어도 난로에서 나오는 열기를 느낄 수는 있답니다.

이렇게 모든 물체는 온도에 따라 빛을 방출하는데, 이를 복사라고 합니다. 그러니까 뜨거운 물체는 파장이 짧은 빛을, 차가운 물체는 파장이 긴 빛을 방출하지요.

태양에서 오는 빛이 지구를 따뜻하게 하는 것도 바로 태양의 복사 때문입니다. 태양처럼 뜨거운 물체뿐 아니라 얼음과 같이 차가운 물체에서도 빛이 나오지요. 하지만 이때 나오는 빛은 우리 눈에 보이지 않는, 파장이 아주 긴 빛입니다. 이렇게 눈으로 볼 수 없는 빛도 다른 장치를 이용하면 관찰할 수 있습니다.

과학자들은 물체의 온도와 물체가 방출하는 빛의 파장 사이의 관계를 알아냈습니다. 그러니까 빛의 파장을 관측하면 그 빛을 방출한 곳의 온도를 알 수 있지요.

과학자의 비밀노트

빅뱅(big bang) 이론

우주의 탄생을 설명하는 이론이다. 빅뱅 이론에 따르면 우주는 약 137억 년 전에 초고온·고밀도의 한 점에서 대폭발이 일어나 우주가 탄생하였다고 한다. 이때 물질과 에너지가 폭발하여 우주는 팽창하고 있다고 한다. 이론의 근거로는 허블의 법칙과 마이크로파 우주 배경 복사 등이 있다. 허블의 법칙은 은하의 후퇴 속도가 지구와의 거리에 비례하여 멀어진다는 것이다. 마이크로파 우주 배경 복사는 우주 탄생의 흔적으로 남은 복사파로 보고 있다.

우주는 빅뱅 이론에 의해 아주 뜨거운 한 점 우주에서 팽창해서 지금 우주의 크기가 되었습니다. 그러면서 우주는 차가워졌고, 현재 우주의 온도는 −270℃입니다.

우주가 폭발한 중심에서 방출한 빛은 초기 우주가 엄청 뜨거웠으므로 파장이 아주 짧았습니다. 하지만 이 빛이 우주의 나이인 137억 년 동안 우주를 여행해 지구에 오면서, 현재의 우주가 차갑기 때문에 점점 빛의 파장이 길어졌을 것입니다. 그로써 최종적으로는 −270℃에 해당하는 빛이 지구로 들어오게 될 것입니다.

호킹은 학생들과 함께 TV가 있는 방으로 갔다. 호킹이 TV를 켜자,

아직 방송 시간이 아니어서 화면이 여러 가지 색상의 빛으로 반짝거렸다.

여러분이 보고 있는 이 빛들은 안테나가 수신한 전파입니다. 물론 눈으로 보이지 않는 빛까지 포함하고 있지요. 이 중에는 −270℃에 해당하는 빛이 있습니다. 물론 파장이 너무 길어서 눈에 보이지 않지만. 그 빛은 바로 우주의 중심에서 빅뱅 초기 때 나온 빛이 137억 년 동안 우주를 여행해 지구로 온 빛입니다.

미국의 펜지어스(Arno Penzias, 1933~)와 윌슨(Robert Woodrow Wilson, 1936~)은 뉴저지 주에 있는 벨 연구소에서 인공위성으로부터 텔레비전 음향을 방해하는 방해 전파를 연구하다가 −270℃에 해당하는 전파를 수신하였으며, 이것이 우주 초기의 빛이라는 사실을 알아냈다.

만화로 본문 읽기

지금까지 여러분은 우주가 137억 년 동안 계속 팽창하고 있다는 사실을 배웠습니다.

그럼 우리 우주의 처음 모습은 어떠했을까요?

현재 우리 은하와 외부 은하가 점점 멀어지고 있으니까 시간을 거꾸로 돌리면 은하들 사이의 거리는 점점 가까워질 거예요.
친구들이 다들 모여 있네.

우주가 처음 태어났을 때는 모든 은하들이 붙어 하나의 점을 이루었을 겁니다.

따라서 초기의 우주는 크기가 아주 작은 곳에 많은 물질이 모여 있다 보니 상상할 수 없을 정도로 뜨겁고 압력이 높은 상태였답니다.

이것이 대폭발을 일으켜 지금처럼 커다란 우주가 된 것이지요. 이렇게 우주가 한 점에서 폭발해 현재 우주의 크기로 커졌다는 이론이 바로 빅뱅 이론입니다.
콰 쾅

여섯 번째 수업 6

우주 탄생 시나리오

우주가 어떻게 해서 지금과 같이 커다란 모습이 되었을까요?
우주 탄생 과정을 시간대별로 알아봅시다.

6

여섯 번째 수업

우주 탄생 시나리오

교과연계		
	중등 과학 1	9. 정전기
	중등 과학 2	7. 전기
	고등 물리 I	3. 전기와 자기
	고등 지학 I	3. 신비한 우주
	고등 물리 II	3. 원자와 원자핵
	고등 지학 II	4. 천체와 우주

호킹은 우주의 탄생 과정을 설명하며 여섯 번째 수업을 시작했다.

우주는 맨 처음 어떤 크기로 시작되어 어떻게 지금과 같은 모습이 되었을까요? 놀랍게도 지금과 같은 우주의 크기가 되는 데는 그리 오랜 세월이 걸리지 않았습니다. 이제 우주 탄생 과정을 시간대별로 보겠습니다.

시간 = 0

우주의 처음 크기는 10^{-34}cm였습니다.

10^{-34}는 뭘까요?

10의 거듭제곱에 대해 알아봅시다.

10^2은 10을 2번 곱한 수입니다.

$$10^2 = 10 \times 10 = 100$$

마찬가지로 10^3은 10을 3번 곱한 수입니다.

$$10^3 = 10 \times 10 \times 10 = 1{,}000$$

수학자들은 이렇게 0이 많이 붙어 있는 큰 수를 간단하게 쓰기로 약속했습니다.

그렇다면 10^{-34}은 10을 −34번 곱한 수일까요? 그렇지 않습니다. 10을 −34번을 곱할 수는 없으니까요. 수학자들은 다음과 같이 새로운 약속을 하였습니다.

예를 들어, $\frac{1}{100}$의 경우를 보면 $100 = 10^2$이니까 $\frac{1}{100} = \frac{1}{10^2}$이라고 쓸 수 있습니다.

이때 $\frac{1}{10^2}$을 다음과 같이 나타냅니다.

$$0.01 = \frac{1}{100} = 10^{-2}$$

마찬가지로 $1{,}000 = 10^3$이니까 $\frac{1}{1{,}000} = \frac{1}{10^3}$이라고 쓸 수 있으며, 다음과 같이 나타내지요.

$$0.001 = \frac{1}{1{,}000} = 10^{-3}$$

이런 식으로 1보다 작은 소수들을 간단하게 나타낼 수 있습니다. 그러므로 초기 우주의 크기를 소수로 나타내면 다음과 같습니다.

초기 우주의 크기는

0.000000000000000000000000000000001cm이다.

시간 = 10^{-43}초

우주가 탄생한 지 10^{-43}초 후부터 우주는 팽창을 시작했습

니다. 빅뱅의 시작입니다. 이때 우주의 온도는 10^{32}℃였습니다. 엄청 뜨겁고 압력이 높았겠지요? 폭발 일보 직전이었습니다.

시간 = 10^{-35}초

10^{-35}초 후 갑자기 우주가 10^{29}배로 팽창합니다. 이것을 인플레이션이라고 합니다. 이러한 엄청난 팽창에 의해 우주는 식어, 인플레이션이 끝날 때쯤 우주의 온도가 10^{27}℃가 됩니다.

인플레이션은 경제학에서 나오는 용어이지요. 물가는 너무 높고 돈의 가치는 형편없이 떨어져서, 빵 하나를 사기 위해서 1만 원짜리 지폐를 한 트럭 실어 가야 하는 상황을 인플레이션이라고 부른답니다.

그렇다면 이 시기에 인플레이션처럼 급격한 팽창이 일어난 이유는 뭘까요? 그것은 바로 상태의 변화 때문입니다.

예를 들어, 기체 상태인 수증기가 액체 상태인 물로 변하는 것이 상태 변화입니다. 이때 열이 발생하듯이 우주의 상태가 변하는 과정에서 엄청난 열이 발생하고, 이 에너지가 순간적으로 우주를 급격하게 팽창시켰습니다.

호킹은 학생들을 마당으로 데리고 나와 풍선에 찰흙을 입힌 후 공기 펌프를 눌렀다. 그러자 풍선이 점점 커지더니 '펑' 하는 소리와 함께 터지며 찰흙이 멀리 튀어 나갔다.

풍선이 터진 것을 인플레이션이라고 합시다. 이때 찰흙이 멀리 튀어 나가듯이, 인플레이션의 순간적인 팽창으로 물질

들 사이의 거리가 갑자기 멀어졌습니다. 그 때문에 초기 우주 때 지구 근처에 있던 물질들이 아주 먼 곳으로 이동하였지요. 이렇게 먼 곳으로 이동한 물질들은 시간이 지나면서 별을 만들게 됩니다. 하지만 인플레이션에 의한 팽창이 너무 커서 이런 별들은 거의 대부분 우주 지평선 밖에 있습니다. 그러니까 이런 별빛은 지구에 오고 있는 중으로, 지구에서는 아직 볼 수 없지요.

시간 $=10^{-32}$초

인플레이션에 의한 순간적인 대팽창이 끝나면, 10^{-32}초부터 우주는 기존의 빅뱅 이론에 의한 부드러운 팽창을 시작합니다. 그리고 이 과정에서 우주의 온도는 서서히 내려가지요. 이때 우주에는 물질의 최소 단위인 전자와 양성자와 그들의 반입자가 생겨납니다.

반입자란 무엇일까요? 모든 입자는 자신의 짝을 가지는데, 그것이 바로 반입자라고 합니다. 전자의 반입자를 양전자라고 하며, 양전자는 전자와 질량이 같고 전기량도 같은데 다만 전기의 부호만 반대입니다. 전자는 (−)전기를, 양전자는

(+)전기를 지니고 있습니다.

마찬가지로 양성자에도 자신의 짝인 반양성자가 있습니다. 반양성자 역시 양성자와 질량이 같고 전기량도 같지만 전기의 부호는 양성자와 달리 (−)전기를 가지고 있습니다.

수소는 양성자 주위를 전자가 도는 모습입니다. 그렇다면 반양성자 주위를 양전자가 도는 수소도 있겠지요? 그것을 반수소라고 부릅니다. 이런 식으로 하면 사람을 구성하는 원자들 대신 반원자로 이루어진 반사람도 있을 수 있습니다.

입자와 반입자가 만나면 어떤 일이 벌어질까요? 그때는 둘 다 죽고 맙니다. 그러니까 입자가 반입자와 부딪치면 둘 다 사라지고 에너지가 큰 빛만이 나오게 되지요. 이런 빛을 감마선이라고 부릅니다. 물론 반대로, 감마선으로부터 입자와 반입자의 쌍을 만들어 낼 수도 있습니다.

시간 $=10^{-12}$초

10^{-12}초에 이르면 우주의 온도는 10^{15}℃ 정도이고, 우주의 크기는 1,000만 km 정도입니다. 이 시기에 양성자와 반양성자 또는 전자와 양전자가 충돌하여 우주에 빛이 생깁니다. 처음에

양성자와 전자가 반양성자나 양전자에 비해 많이 만들어졌기 때문에 반입자에 비해 전자와 양성자 같은 입자가 더 많이 남게 되었지요.

시간 = $\frac{1}{1,000,000}$ 초

이때 우주의 온도는 10^{13}℃로 떨어지고, 우주에는 반입자가 거의 없어 더 이상 입자와 반입자의 충돌로 빛을 만들지 않습니다.

시간 = 3분 이후

우주 탄생 후 3분이 되면 핵융합이 이루어집니다. 즉, 양성자들이 달라붙어 헬륨의 원자핵 등과 같이 여러 원소의 원자핵을 만들게 되지요.

우주 탄생 후 10만 년에서 30만 년 사이는 원자가 형성되는 시기입니다. 30만 년 후에 우주의 온도는 4,000℃까지 내려가고, 수소 핵이 전자를 붙잡아 드디어 수소 원자가 만들어집니다. 또한 헬륨의 원자핵이 2개의 전자를 붙잡아 헬륨 원자가 됩니다.

이렇게 대부분의 원자핵들이 전자를 붙잡아 원자를 만들게 되면 지금까지 우주 공간을 자유롭게 돌아다니던 전자의 수가 급격히 줄어듭니다. 이후 입자와 반입자의 충돌에 의해 생긴 빛이 전자와 자주 충돌하면서 직선 운동을 하지 못하다가, 이 시기부터 비로소 빛은 우주 공간을 직진할 수 있게 됩니다. 이를 우주의 맑게 갬이라고 합니다.

만화로 본문 읽기

우주는 맨 처음 어떤 크기로 시작돼서 어떻게 지금과 같은 모습이 되었을까요? 놀랍게도 지금과 같은 우주의 크기가 되는 데는 그리 오랜 세월이 걸리지 않았습니다. 이제 우주 탄생 과정을 시간대별로 알려드리겠습니다.

우주의 처음 크기는 10^{-34}cm였습니다. 10^{-34}는 $1/10^{34}$입니다. 그래서 초기 우주의 크기는 0.00000000000000000000-00000000000001cm입니다.
시간=0

우주가 탄생한 지 10^{-43}초 후부터 우주는 팽창을 시작했습니다. 빅뱅의 시작입니다
10^{-35}초 후 갑자기 우주가 10^{29}배로 팽창합니다.
시간=10^{-43}
시간=10^{-35}
펑
우주
우주

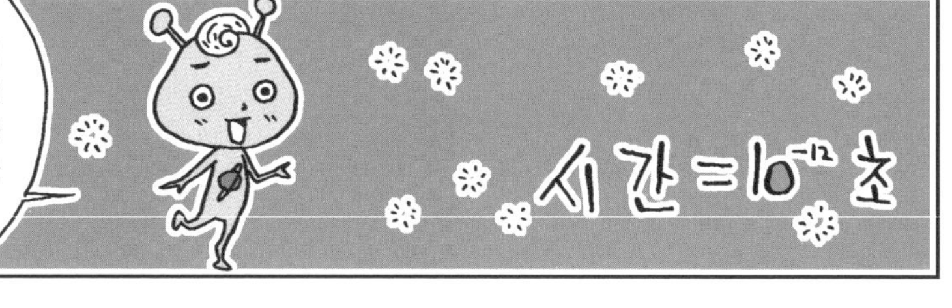

이때 우주의 온도는 약 10^{27}℃이고, 우주의 크기는 약 1,000만 km입니다. 이 시기에 양성자와 반양성자 또는 전자와 양전자가 충돌하여 우주에 빛이 생깁니다.
시간=10^{-12}초

우주 탄생 후 3분이 되면 핵융합이 이루어집니다. 즉 여러 원소의 원자핵을 만들게 되지요. 10만 년에서 30만 년 사이는 원자가 형성되고, 30만 년 후에 수소 원자와 헬륨 원자가 만들어집니다.
시간 = 3분 이후

이 시기부터 비로소 빛이 우주 공간을 직진할 수 있게 되고, 이로써 우주는 맑게 갭니다.

일곱 번째 수업

7

우주가 우주를 낳을 수도 있을까요?

우주는 하나일까요? 아니면 여러 개일까요?
웜홀 우주에 대해 알아봅시다.

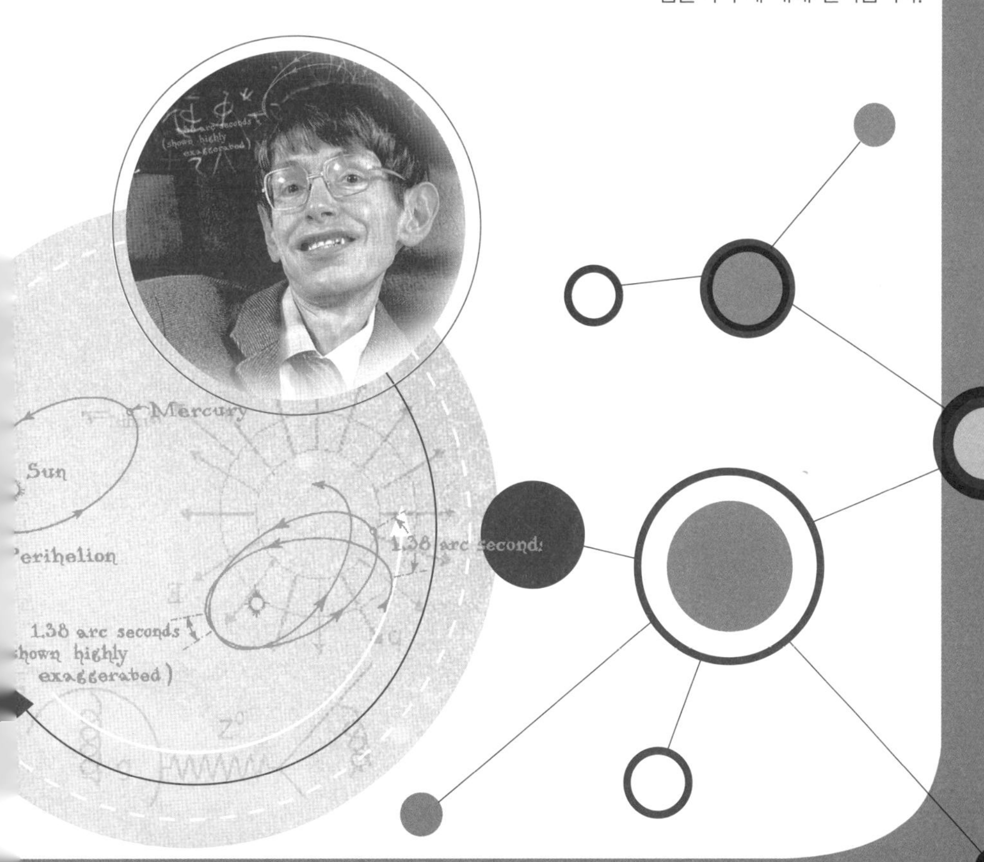

7

일곱 번째 수업

우주가 우주를 낳을 수도 있을까요?

교. 과. 연. 계.

고등 지학 Ⅰ 3. 신비한 우주

고등 지학 Ⅱ 4. 천체와 우주

호킹이 우주의 모양에 대해 일곱 번째 수업을 시작했다.

호킹은 학생들을 데리고 트램펄린이 있는 곳으로 갔다. 호킹과 학생들은 트램펄린에 올라섰다. 몸무게가 무거운 아이가 있는 곳은 움푹 들어갔고 가벼운 아이가 있는 곳은 조금 들어간 모습이었다.

우주에는 별처럼 무거운 물질들이 많이 있습니다. 무거운 물질들은 모두 중력을 가지고 있지요. 우주에는 중력이 큰 블랙홀도 있고 중력이 작은 가벼운 별도 있습니다. 블랙홀처럼 중력이 아주 큰 곳에서는 우주 공간이 너무 많이 휘어져 우주에 구멍이 생기게 됩니다.

그 구멍을 지나면 깊고 좁은 통로가 나타나는데 그것은 우리 우주의 밖으로 나가는 통로인 웜홀입니다. 그러니까 웜홀은 우리 우주가 아닌, 다른 곳으로 난 구멍이지요. 다시 말해 블랙홀은 웜홀이라는 통로의 어귀입니다.

블랙홀은 주변의 물질들을 빨아들입니다. 그리고 블랙홀에 한 번 빨려 들어간 물질은 모두 웜홀로 들어가게 됩니다. 그러면 웜홀을 통과하면 그 끝에는 무엇이 있을까요? 그곳은 물질을 방출하기만 하는 화이트홀이 있습니다. 마치 블랙홀을 거꾸로 돌려 재생한 듯한 현상이 일어나는 것이 화이트홀입니다. 즉, 블랙홀은 어떤 물질도 내부에서 빠져나갈 수 없는 천체인 데 비해, 화이트홀은 어떤 물질도 내부에서 머무를 수 없는 천체입니다. 따라서 물질 등을 계속 뱉어 냅니다.

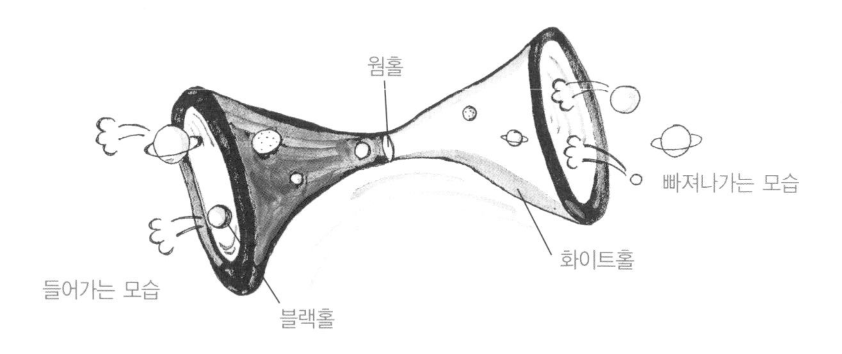

자, 이제 우주를 만들어 보겠습니다.

학생들은 호킹을 쳐다보았다. 우주를 만든다는 것이 믿기지 않는다는 표정이었다. 호킹은 투명한 호스와 조그만 초콜릿이 담긴 통을 가지고 왔다.

우리 우주뿐 아니라 많은 다른 우주들이 있습니다. 이제 다른 우주로 여행할 수 있는 웜홀을 보여 주겠어요.

호킹은 호스의 한쪽 끝을 자신의 입에 물고 다른 한쪽 끝을 미화의 손에 놓은 뒤 입에 들어 있는 초콜릿을 호스를 통해 세게 밀었다. 초콜릿이 미화의 손에 떨어졌다.

이 호스를 웜홀이라 하고 나를 우리 우주, 미화를 다른 우주라고 볼 수 있습니다. 초콜릿은 처음 내 입속에 있었으니까 우리 우주의 물질들로 생각할 수 있지요. 내 입에 닿은 호스 부분은 우리 우주의 블랙홀이고, 초콜릿이 나온 미화 손 쪽의 호스 구멍이 화이트홀입니다. 이때의 웜홀은 우리 우주와 다른 우주를 연결하는 기능을 합니다. 물론 반대로, 다른 우주의 물질이 웜홀을 통해 우리 우주로 들어올 수도 있습니다.

이렇게 우주는 우리가 관찰하고 상상할 수 있는 것보다 아주 넓습니다. 우리 우주뿐만 아니라 다른 우주도 얼마든지 존재한다는 것을 알 수 있지요. 그리고 웜홀을 통해서 다른 우주로의 여행이 가능합니다. 이번에는 새로운 우주를 만들어 보겠습니다.

호킹은 호스의 한쪽 끝을 입에 물고 다른 한쪽 끝을 땅바닥을 향하도록 했다. 그러고는 초콜릿 여러 개를 입에 넣고 불자 초콜릿이 호스를 통해 땅바닥에 떨어졌다.

지금 나를 우리 우주라 하고, 땅바닥은 아무 물질도 없는 곳이라고 합시다. 앞의 실험은 우리 우주의 물질들이 웜홀을

통해 다른 우주로 이동한 것입니다. 아무런 물질이 없던 다른 우주에 새로운 물질이 생겨난 것이지요. 다른 우주에서 새로 모여든 물질들이 별도 만들고 은하도 만들어 새로운 우주가 탄생합니다. 이때 새로운 우주를 딸 우주라고 하고, 그 우주로 물질을 보낸 우주를 어미 우주라고 부릅니다.

우리 우주도 끊임없이 새로운 우주를 만들고 있습니다. 그러나 우리 우주를 낳은 어미 우주는 어디인지, 또 우리 우주가 낳은 딸 우주는 얼마나 많은지 알 수 없습니다.

딸 우주를 만들기 위해서는 반드시 어미 우주에 블랙홀이 만들어져야 합니다. 그리고 그 블랙홀의 어귀인 웜홀을 통해 물질이 없는 공간으로 어미 우주의 물질이 이동해야 합니다. 이때 웜홀은 우리 우주에 난 통로가 아닙니다. 하지만 웜홀을 통해 다른 우주를 여행하다가 다시 우리 우주로 돌아올 수도 있습니다. 그런 웜홀을 보여 주겠어요.

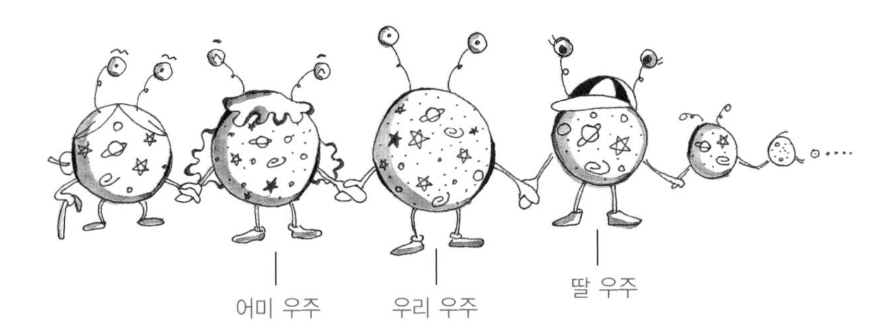

호킹은 초콜릿을 입에 물고 호스의 한쪽 끝을 입에 물었다. 그리고 다른 쪽 끝은 자신의 손에 올려놓았다. 호킹은 입에 문 호스를 통해 초콜릿을 세게 뱉어 냈다. 호킹의 입에서 나온 초콜릿은 호스를 통해 자신의 손에 떨어졌다.

나를 우리 우주라 하면 입에 댄 호스 구멍은 우리 우주의 블랙홀이고, 손 위에 올려놓은 호스 구멍은 우리 우주의 화이트홀입니다. 초콜릿은 우리 우주의 물질이므로 우리 우주의 어떤 물질이 우리 우주의 어느 곳에서 사라졌다가 웜홀을 통해 우리 우주의 다른 곳에 나타난 것이지요.

만화로 본문 읽기

하하하, 뚱이가 블랙홀 속으로 빠져버렸군요!
블랙홀이요?

우주에는 무거운 물질들이 많은데, 이들은 모두 중력을 가지고 있죠. 블랙홀처럼 중력이 아주 큰 곳에서는 우주가 너무 많이 휘어져 우주에 구멍이 생기게 돼요.

그 구멍을 지나면 깊고 좁은 통로인 웜홀이 나타나지요. 웜홀은 우리 우주가 아닌, 다른 곳으로 난 구멍이지요. 다시 말해 블랙홀은 웜홀이라는 통로의 입구죠.
블랙홀
웜홀

블랙홀은 주변 물질들을 빨아들이고, 그 물질들은 모두 웜홀로 들어가게 돼요. 웜홀을 통과하면 그 끝에는 무엇이 있을까요?
글쎄요? 잘 모르겠어요.

그곳은 물질을 방출하기만 하는 화이트홀이 있어요. 그래서 웜홀을 통해서 다른 우주로의 여행이 가능한 거죠. 이렇게 우주는 우리가 관찰하고 상상하는 것보다 아주 넓어요.

으아악! 블랙홀로 빨려들어 가기 전에 어서 탈출해야 해!
으이그~, 정말~!

여 덟 번 째 수 업

8

우리 우주의 모습은?

우리 우주는 끝없이 팽창할까요?
우리 우주의 미래에 대해 알아봅시다.

8

여덟 번째 수업

우리 우주의 모습은?

교.
과.
연.
계.

중등 과학 2	3. 지구와 별
고등 과학 1	5. 지구
고등 지학 I	3. 신비한 우주
고등 지학 II	4. 천체와 우주

호킹이 우리 우주의 모습에 대해 여덟 번째 수업을 시작했다.

오늘은 우리 우주의 미래에 대해 알아보겠습니다. 앞에서 설명한 바와 같이, 우리 우주는 점점 팽창하고 있습니다. 그렇다면 이런 팽창이 언제까지 계속될까요? 끝없이 팽창하는 것일까요? 아니면 어느 정도까지 팽창하다가 멈출까요?

우리 우주의 미래에 가장 큰 영향을 주는 것은 우주 전체의 질량입니다. 만일 우주가 생각보다 가볍다면 우주는 영원히 팽창할 것입니다. 그렇게 되면 모든 물질들 사이의 거리가 점점 멀어져 우주는 황량한 모습이 되겠지요. 지구를 떠나 우주를 여행해도 아무것도 보이지 않는 우주가 될 것입니다.

하지만 우주가 무겁다면 상황은 달라집니다. 무거운 우주는 적당한 크기까지 팽창하다가 최대 크기가 되고 나면 수축을 시작합니다. 이 수축은 우주가 거의 한 점이 될 때까지 계속됩니다. 이렇게 우주가 한 점으로 수축되는 것을 빅크런치(big crunch)라고 합니다. 그러면 다시 빅뱅이 일어난 뒤 인플레이션이 일어나고, 부드러운 팽창과 수축을 거쳐 다시 빅크런치가 되는 순환이 일어나겠지요. 용수철에 매달린 추처럼 우주는 팽창과 수축을 반복하게 될 것입니다.

과학자들은 우리 우주가 팽창과 수축을 반복하는 우주일 거라고 생각하고 있습니다. 물론 지금은 팽창하고 있는 단계

지요. 하지만 과학자들에 의하면 현재 우리 우주의 질량은 수축할 만큼 무겁지 않다고 합니다. 그러니까 지금의 질량 정도라면 우주는 팽창을 하게 될 것입니다.

우주에는 우리 눈에 보이는 밝은 물질과 눈에 보이지 않는 암흑 물질이 있습니다. 우리가 아직 관측하지 못한 많은 암흑 물질들 때문에 우주의 질량을 확실히 모르고 있습니다. 그래서 과학자들은 좀 더 많은 암흑 물질을 찾기 위해 관측에 힘을 쓰고 있답니다.

호킹은 학생들에게 우리 은하의 중심을 보여 주었다. 궁수자리 뒤편으로 많은 별들이 흘러가는 은하수의 모습이었다.

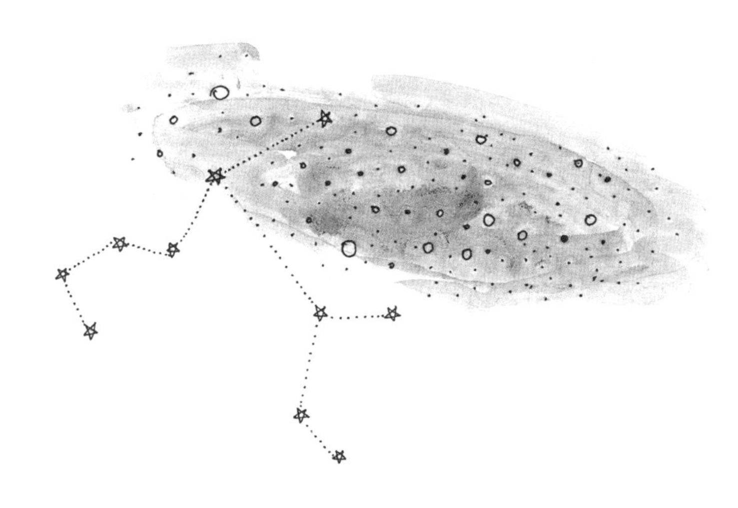

여러분은 우리 은하의 중심을 보았습니다. 우리 은하는 수백억 개의 별로 이루어져 있지요. 그리고 태양계는 우리 은하의 중심에서 약 3만 광년 떨어진 아주 먼 곳에 있답니다.

우리 은하를 위에서 내려다보면 소용돌이치는 모양이지요. 이러한 은하를 나선 은하라고 합니다.

그럼 은하는 모두 같은 모습일까요?

호킹은 학생들을 천체 망원경 앞으로 모이게 하였다. 그리고 우주의 한 부분을 관찰한 모습을 빔 프로젝트로 스크린에 나타냈다.

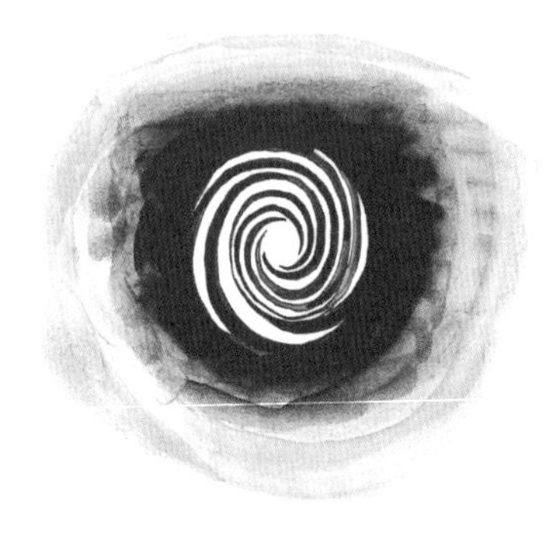

여러분은 지금 여러 은하를 동시에 찍은 사진을 보고 있습니다. 크게 나누면 은하의 모양은 두 종류입니다. 우리 은하처럼 나선 은하이거나 공 모양으로 생겼지요. 공 모양의 은하는 오래된 은하입니다. 그러니까 늙은 별이 많지요. 반면

에 나선 은하에는 젊은 별이 많습니다.

공 모양의 은하와 나선 은하 사이에는 또 다른 차이점이 있습니다. 공 모양의 은하는 돌지 않는 데 반해, 나선 은하는 중심 주위로 별들이 돌고 있습니다.

호킹은 학생들 앞에 책받침을 가지고 와 그 위에 쇳가루를 뿌렸다. 그러고는 책받침을 빙그르르 돌리자 쇳가루가 모두 바깥으로 날아가 버렸다.

쇳가루들이 모두 날아갔지요? 많은 별들로 이루어진 은하

속의 별들도 회전을 합니다. 그러면 회전하는 책받침 위의 쇳가루처럼 별들이 바깥으로 흩어져 은하가 깨지지 않을까요?

호킹은 학생들이 보지 못하도록 손에 자석을 감추고, 그 손을 책받침 밑에 가져다 댄 뒤 다시 쇳가루를 뿌리고 책받침을 돌렸다. 이번에는 쇳가루들이 바깥으로 흩어지지 않았다.

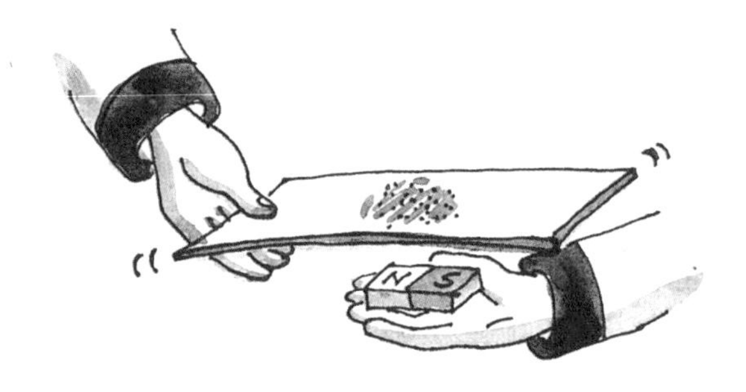

쇳가루를 별이라고 생각해 봅시다. 제 손에는 자석이 있었기 때문에 책받침이 돌아가도 쇳가루가 날아가지 않았습니다.

마찬가지로 은하의 별들이 흩어지지 않게 하려면 무언가 강한 힘으로 별들이 도망가지 못하게 해야 할 것입니다. 이것이 바로 은하 속에 있는 암흑 물질이지요. 그러니까 모든 은하는 별들로만 이루어진 것이 아니라 암흑 물질과 함께 구성되어 있답니다.

우리 은하도 별들 전체 질량의 10배나 되는 암흑 물질이 은하를 둘러싸고 있어서 우리 은하의 별들이 도망치지 못하는 거예요. 이렇게 모든 은하가 별들뿐 아니라 많은 암흑 물질들로 이루어져 있다고 생각하면 우리 우주의 질량도 커지겠지요?

하지만 그런 것들을 모두 생각해 봐도 우리 우주의 질량은 아직 작은 편입니다. 그러니까 우리가 아직 관측하지 못한 질량을 가진 물체들이 더 있다는 얘기지요.

과학자들은 우리가 아직 발견하지 못한 입자가 우주 공간에 많이 있다고 믿고 있어요. 그런 입자들을 발견하여 그 입자들의 질량을 계산해 보면 우리 우주의 질량이 커지겠지요?

또 하나가 있습니다. 우리는 지금 우주 지평선 안의 물질들

과학자의 비밀노트

우주의 지평선(cosmological horizon)

우주에서 관측이 가능한 최대의 거리이다. 우주의 지평선은 우주 나이에 빛의 속도를 곱하여 계산한다. 현재 관측 위성으로부터 허블 상수와 그 역수인 우주의 나이는 구해졌다. 이 우주의 나이에 빛의 속도를 곱한 것이 바로 우주의 지평선이다. 현재 위성 관측 결과에 따르면 우주의 나이는 약 137억 년이고, 빛의 속도는 약 30만 km이므로 두 값을 곱하면 구할 수 있다.

만을 보고 있습니다. 하지만 우주 지평선 밖의 물질들도 엄청나게 많을 것입니다. 그것 역시 우리 우주의 질량에 포함시켜야 할 것입니다.

이렇게 과학자들은 아직 계산되지 않은 부분을 넣어 주면 우주 전체의 질량은 상당히 무거워질 것이라고 생각하고 있습니다. 그러므로 우리 우주는 영원히 팽창만을 하지 않고 적당한 크기까지 팽창하다가 그 이후부터는 수축하여 빅크런치가 일어날 것입니다.

만화로 본문 읽기

박사님, 앞으로 우주의 미래는 어떻게 되는 건가요?

우리 우주의 미래에 가장 큰 영향을 주는 것은 우주 전체의 질량이에요. 만일 우주가 생각보다 가볍다면 우주는 영원히 팽창하고 모든 물질들 사이가 점점 멀어져 황량한 모습이 되겠지요.

지구를 떠나 우주를 여행해도 아무것도 보이지 않는 우주가 돼요.
우주에 아무것도 없네…
휘잉~

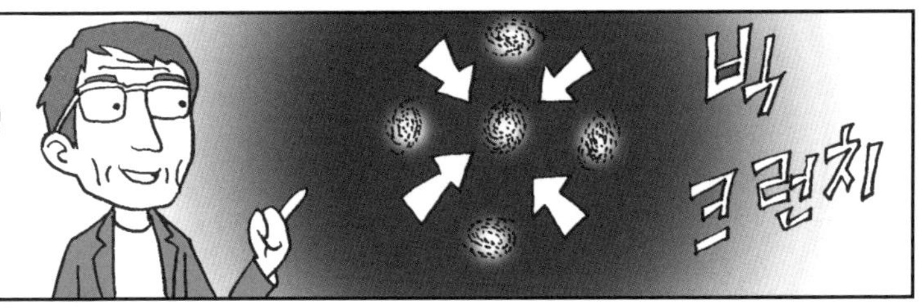
하지만 우주가 무겁다면 적당한 크기까지 팽창하다가 최대 크기가 되고 나면 수축을 시작해요. 이 수축은 우주가 거의 한 점이 될 때까지 계속되는데, 이를 빅크런치라고 하죠.
빅 크런치

그러면 다시 빅뱅이 일어나고, 부드러운 팽창과 수축을 거쳐 다시 빅크런치가 되는 순환이 일어나겠지요. 이렇게 팽창과 수축을 반복하게 되지요.
팽창
수축

현재 계산된 우주의 질량은 가벼워서 영원한 팽창을 하게 될 거예요. 그렇지만 과학자들은 아직 계산되지 않은 부분을 넣으면 질량이 상당히 무거워지므로, 적당한 크기까지 팽창하다가 수축하여 빅크런치가 일어날 거라고 예상하죠.
실제 우주 질량 = 현재의 우주 질량 +아직 발견하지 않은 무거운 입자 + 지평선 밖의 물질

마 지 막 수 업 9

우주에 외계인이 있을까요?

우주에는 우리와 의사소통할 수 있는 외계인이 있을까요?
SETI 프로젝트에 대해 알아봅시다.

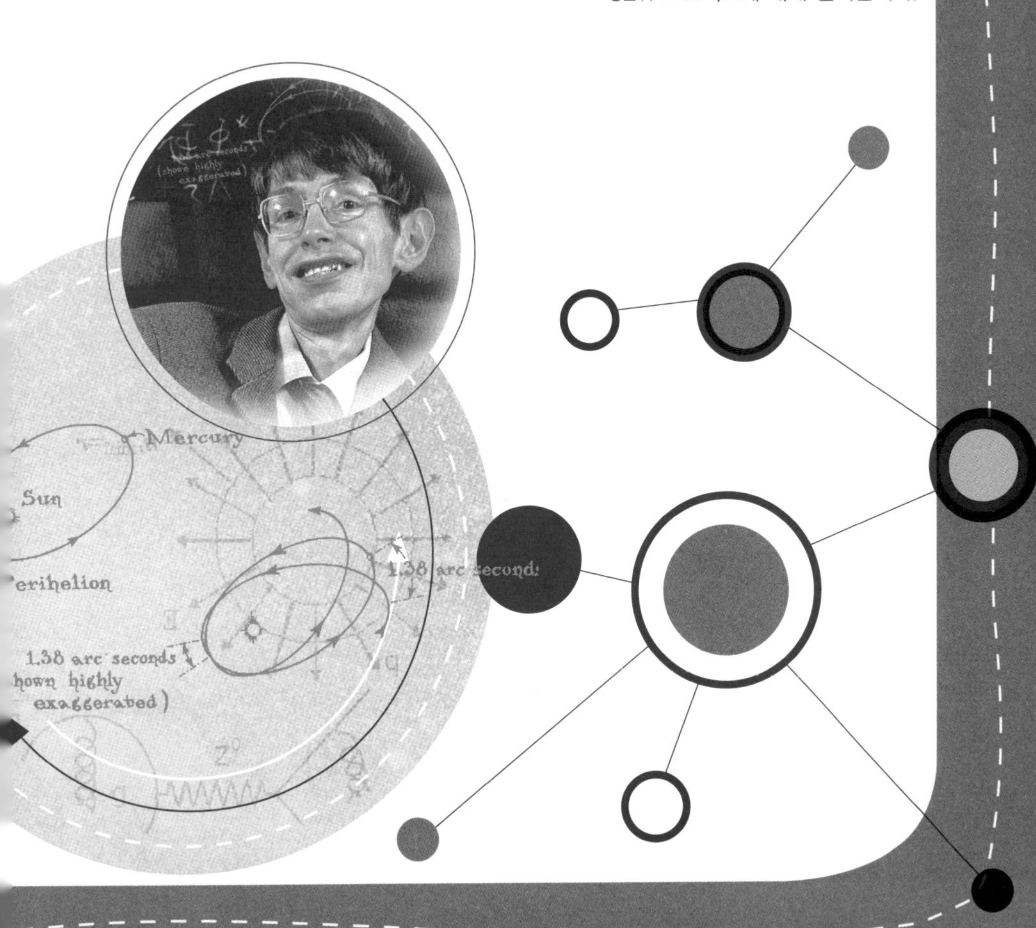

9

마지막 수업

우주에 외계인이 있을까요?

교. 과. 연. 계.

중등 과학 2	3. 지구와 별
중등 과학 3	7. 태양계의 운동
고등 과학 1	5. 지구
고등 지학 II	4. 천체와 우주

호킹은 아이들에게
영화 〈ET〉를 보여 주고 나서
마지막 수업을 시작했다.

학생들은 천문대에서의 마지막 날을 아쉬워했다.

우주는 우리가 상상할 수 없을 정도로 넓어요. 이런 우주의 중심에서 우리 은하는 변두리에 있고, 태양계는 또 우리 은하의 변두리에 있지요. 그런데 이렇게 넓은 우주에서 과연 우리 지구에만 생명체가 살고 있는 걸까요? 만약 그렇다면 거대한 공간을 낭비하는 꼴이겠지요. 그래서 과학자들은 우리 우주의 어딘가에 외계 생명체가 살고 있다고 믿고 있답니다.

호킹은 휴대 전화를 꺼내 학생들에게 아무 번호나 누르게 하였다. 그러나 신호조차 가지 않았다.

지금 여러분은 아무 번호나 눌렀어요. 그런데 신호가 가지 않았지요? 그러니까 이런 전화번호는 없다는 얘기예요.

호킹은 학생들에게 다시 아무 번호나 누르도록 했다. 잠시 후 휴대 전화에서 누군가의 목소리가 들려왔다. 호킹은 잘못 걸었다며 사과하고 전화를 끊었다. 학생들은 호킹이 왜 이런 장난을 하는지 알지 못했다.

이번에는 전화가 걸렸지요? 우리가 보낸 전파가 운 좋게 연결된 거예요. 우리가 보낸 전파를 휴대 전화로 받은 사람이 우리에게 다시 전파를 보낸 거지요.

우리는 외계 생명체를 이런 방법으로 찾고 있어요. 그러니까 지구에 대한 몇 가지 정보를 담은 전파를 우주의 모든 방향으로 보내는 거지요. 그리고 그 방향에서 외계 생명체가 답신을 보내 오기를 기다리는 거예요.

하지만 외계 생명체만으로는 부족하지요.

호킹은 자신의 휴대 전화 위에 개미 한 마리를 올려놓았다. 그리고 미화에게 자신의 휴대 전화에 전화를 걸도록 했다. 호킹의 전화가 울렸다.

미화는 개미의 휴대 전화에 전화를 걸었어요. 하지만 개미는 휴대 전화를 다룰 줄 모릅니다. 그러니까 생명체인 개미가 있다고 해도 개미가 수신한 전파에 대한 답신은 안 오겠지요? 마찬가지예요. 우리가 보낸 전파가 우주의 어느 행성에 갔다 해도 만일 그 행성에 개미처럼 지능이 없는 생명체들만 산다면 답신이 올 리 없습니다. 그러니까 우리가 보낸 전파에 답신을 보낼 만한 지능을 가진 생명체가 살아야 합니다. 이러한 외계 생명체

를 외계 지능체(ETI)라고 하지요. ETI는 extra-terrestrial intelligence의 줄임말입니다.

외계 지능체의 조건

외계 지능체가 존재하기 위해서는 어떤 조건이 갖춰져야 할까요? 과학자 드레이크(Frank Drake, 1930~)는 외계 지능체가 살기 위한 일곱 가지 조건을 알아냈습니다.

태양과 비슷한 별이어야 합니다

이 세상의 많은 별들은 주위에 다른 별이 함께 있는 쌍성이거나 태양처럼 혼자 있는 별입니다. 쌍성 주위에 있는 행성의 온도는 하나의 별에 의한 행성의 온도보다 높아지기 쉽지요. 그러므로 생명체가 존재하기 위한 좋은 조건이 아닙니다.

행성을 가진 별이어야 합니다

별은 표면 온도가 너무 높아 생명체가 살 수 없습니다. 그러므로 생명체가 살기 위해서는 별 주위를 돌고 있는 행성이 있어야 하지요.

생명체가 발생할 수 있는 행성의 수가 많아야 합니다

태양은 8개의 행성과 아주 많은 위성을 거느리고 있습니다. 그러니까 태양으로부터 적당한 거리에 있는 지구에서 생명체가 탄생한 것이지요. 그러므로 어떤 별이 행성을 많이 거느리고 있다면, 그만큼 생명체가 존재할 확률이 높습니다.

생명체가 발생할 수 있는 환경을 가진 행성이 있어야 합니다

행성이라고 해서 모두 생명체가 발생하는 것은 아닙니다. 생명체가 살 수 있는 적합한 환경을 갖추어야 하지요. 예를 들어, 지구는 두꺼운 대기에 싸여 있습니다. 어떤 종류의 생명체이든 특정한 기체를 호흡할 것이라고 생각됩니다. 지구의 동물들은 산소를 호흡하고 식물들은 이산화탄소를 호흡합니다. 그런 것들은 지구의 대기 속에 있습니다. 그러므로

다른 행성에서 생명체가 호흡을 하기 위해서는 그러한 기체를 포함하는 적당한 대기가 있어야 합니다. 달에 생명체가 없는 것은 대기가 없기 때문입니다.

또한 수성과 금성에 생명체가 없는 것은 너무 뜨겁기 때문이지요. 또 해왕성에 생명체가 없는 것은 너무 차갑기 때문입니다. 그러므로 생명체가 살기 위해서는 적당한 온도의 행성이어야 합니다.

지능을 갖춘 생명체가 존재해야 합니다

앞에서도 얘기했듯이, 우리가 찾는 외계 생명체는 지능을 가진 생명체입니다. 그래야 우리와 의사소통이 가능할 테니까요.

지능을 가진 생명체로서 우리가 보낸 메시지를 이해하고 답신을 보낼 줄 알아야 합니다

우리가 보낸 전파를 받은 뒤 그 전파의 내용을 해독하고 답신을 보낼 수 있어야 합니다. 우리가 찾는 외계 지능체는 바로 그런 능력을 갖춘 이들입니다.

기술적으로 진보된 문명을 가지고 있어야 합니다

우리 인간은 수천 년의 문명을 지니고 있습니다. 하지만 다른 외계 지능체의 경우 우리보다 더 긴 문명을 가지고 있는지, 더 짧은 문명을 가지고 있는지 알 수 없습니다. 이것은 외계 지능체와의 대화를 통해서 알 수 있겠지요.

과학자들은 7가지 조건을 만족하는 행성이 반드시 존재할 것이라고 믿고 있습니다. 우리 지구인만이 살기에는 우주는 너무 거대하기 때문입니다.

과학자의 비밀노트

드레이크(Frank Donald Drake, 1930~)

미국 천문학자이자 천체 물리학자. 외계인 탐사 프로젝트인 세티(SETI)를 창설하였다. 우주에 존재할 외계인의 수를 알 수 있는 방정식과 아레시보 메시지를 창조하였다. 그 방정식은 드레이크 방정식이라고 한다. 아레시보 메시지는 지구에 관한 정보를 담아 태양계로부터 2만 5000광년 떨어져 있는 M13 구상 성단으로 보낸 것을 말한다.

만화로 본문 읽기

박사님 외계 지능체가 존재하려면 어떤 조건이 있어야 하나요?

드레이크는 외계 지능체가 살기 위한 일곱 가지의 조건을 제시했어요.

바로 이와 같은 조건이 필요하답니다.

1. 태양과 비슷한 별이어야 한다.
2. 행성을 가진 별이어야 한다.
3. 생명체가 발생할 수 있는 행성의 수가 많아야 한다.
4. 생명체가 발생할 수 있는 환경을 지닌 행성이 있어야 한다.
5. 지능을 갖춘 생명체가 존재해야 한다.
6. 지능을 가진 생명체로서 우리가 보낸 메세지를 이해하고 답신을 보낼 줄 알아야 한다.
7. 기술적으로 진보된 문명을 가지고 있어야 한다.

부 록

오즈 우주의 마법사

이 글은 라이언 프랭크 바움 원작의
〈오즈의 마법사〉를 패러디한 과학 동화입니다.

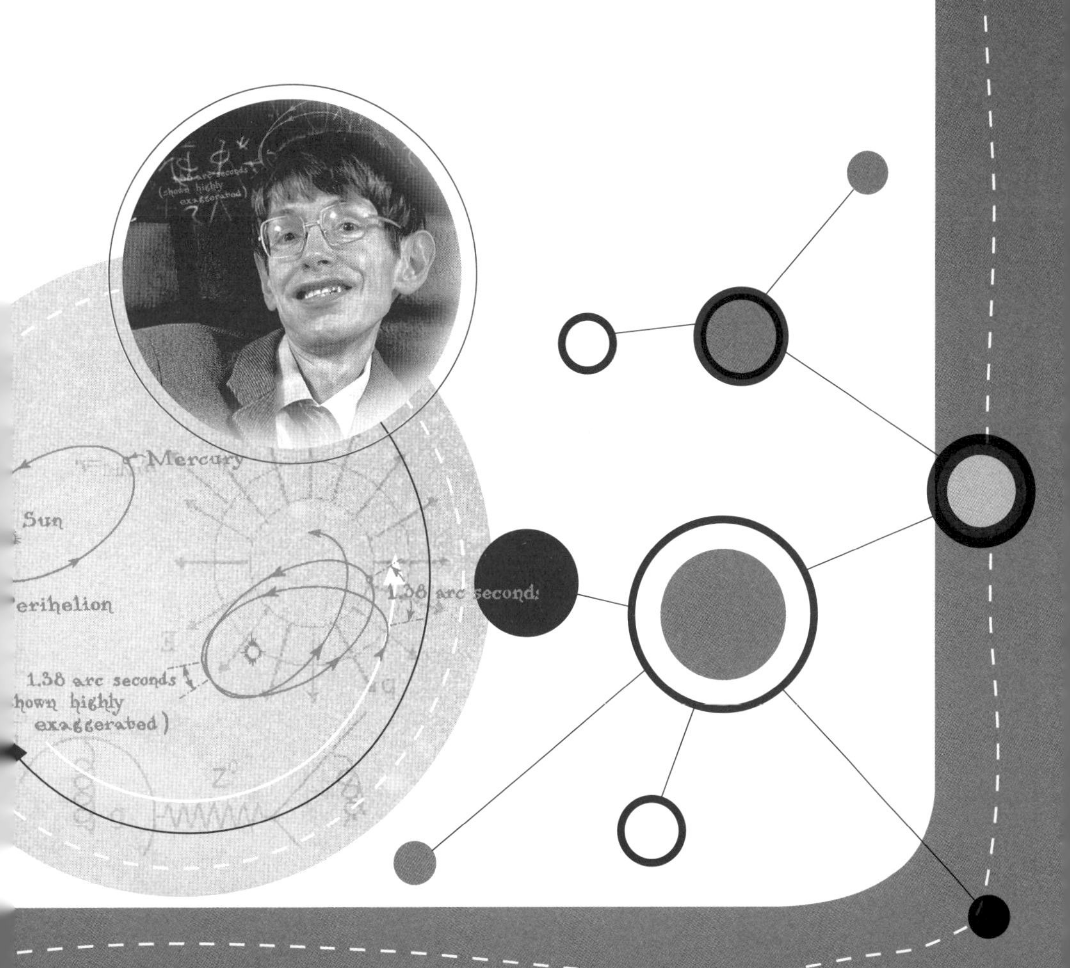

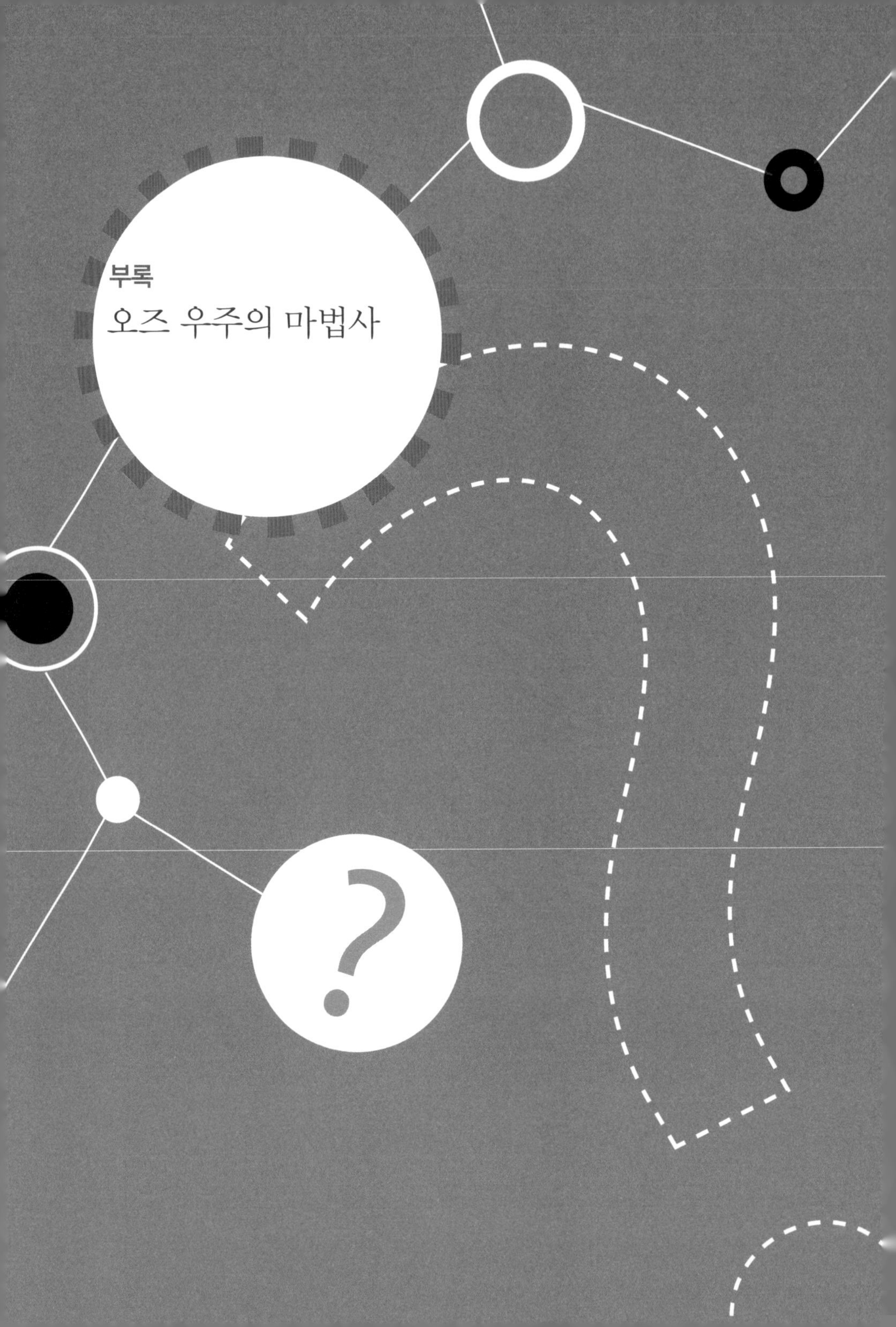
부록
오즈 우주의 마법사

미국 캔자스의 넓은 초원 한복판에 작은 집이 하나 있었습니다.

이 집에서 도로시는 농사를 짓는 헨리 아저씨와 엠 아주머니와 함께 살고 있었습니다. 헨리 아저씨와 엠 아주머니는 아래층에서 살고, 도로시는 조그만 다락방에서 토토와 살았습니다.

토토는 긴 털을 가진 작고 귀여운 검정 강아지입니다. 도로시는 토토와 하루 종일 놀면서 즐거운 시간을 보냈습니다.

도로시의 꿈은 천체 물리학자가 되는 것입니다. 그래서 도로시는 매일 밤 다락방에서 천체 망원경으로 우주를 바라보았습니다.

"아, 우주를 여행하고 싶어. 저 먼 우주에도 우리처럼 말하는 외계인이 살고 있을까?"

도로시는 매일 밤 이렇게 중얼거리곤 했습니다.

그러던 어느 날 도로시가 밤하늘을 보고 있는데 갑자기 하늘이 일그러지면서 소용돌이치는 게 아닙니까! 뒤틀린 공간 사이로 길고 긴 터널이 우주에서 도로시의 집으로 이어졌습니다.

도로시는 무서워서 토토를 데리고 침대 밑으로 숨었습니다. 지진이 난 것처럼 갑자기 집이 흔들리고, 중심을 잃은 도

로시와 토토는 마룻바닥에 내동댕이쳐졌습니다.

다음 순간, 집이 두어 번 빙그르르 돌더니 하늘로 붕 떠올라 우주에 생긴 괴상한 터널의 입구로 빠르게 빨려 들어갔습니다.

도로시는 창문 밖을 보았습니다. 칠흑 같은 어둠 속이었습니다. 그 어둠 속에서 다른 많은 사람들과 동물들이 빠르게 어디론가 움직여 가고 있었습니다.

도로시는 차츰 마음이 가라앉아, 토토를 안고 침대에 누워 이불을 덮자마자 금방 잠이 들어 버렸습니다.

도로시는 '쿵' 소리에 놀라 눈을 떴습니다. 창문을 통해 초

록빛 광선이 들어왔습니다. 그 광선을 바라보며 도로시는 탄성을 질렀습니다.

"우아, 초록색 태양이잖아."

도로시가 넋을 잃고 초록 태양을 바라보고 있을 때 이상하게 생긴 사람들이 문을 열고 안으로 들어왔습니다. 여자 둘에 남자 한 명으로, 모두 끝이 뾰족한 모자를 썼는데 모자엔 작은 방울이 달려 있어 움직일 때마다 소리가 났습니다. 그들은 침대에 누워 있는 도로시에게 다가와 발을 멈추었습니다.

"훌륭한 마법사님, 만티킨 사람들의 인사를 받으세요."

여자가 도로시에게 공손히 고개를 숙이면서 상냥한 목소리로 말했습니다. 도로시는 자리에서 일어나려고 했습니다. 그런데 몸이 움직여지지 않았습니다.

"몸이 안 움직여요."

도로시는 만티킨 사람들에게 도움을 요청했습니다.

"여기는 행성이 아니라 별이에요."

"별이라면 뜨거워서 사람이 살 수 없잖아요?"

"이 별은 만티킨 스타예요. 뜨거운 별이 죽어 수축되어 생긴 백색 왜성이지요. 만티킨 스타는 크래프트 은하에 있답니다. 이곳은 중력이 크기 때문에 쉽게 움직이기 힘들 거예요."

"그렇다면 이대로 계속 누워 있어야 하는 건가요?"

도로시는 울먹거렸습니다.

"저희 크래프트 은하에는 4명의 마녀들이 살고 있어요. 노스 행성, 사우스 행성, 웨스트 행성, 이스트 행성에 살고 있지요. 노스 마녀와 사우스 마녀는 착한 마녀이지만 웨스트와 이스트 마녀는 나쁜 마녀예요. 아마도 착한 마녀가 당신을 도와줄 거예요."

도로시는 만티킨 사람의 말을 듣고 안심했습니다. 그때 노스 마녀가 유리창을 통해 날아와 도로시와 토토에게 키스를 해 주었습니다. 순간 도로시는 자리에서 벌떡 일어날 수 있었습니다. 도로시는 집 밖으로 나가 보았습니다. 초록 태양이 밝게 빛나는 마을의 모습은 너무나 아름다웠습니다.

"고마워요, 노스 마녀님!"

“천만에요. 당신 덕분에 성질이 고약한 이스트 마녀가 죽었어요. 정말 뭐라고 감사의 말을 해야 할지 모르겠어요.”

“내가 나쁜 마녀를 죽였다고요? 혹시 잘못 아신 것 아닌가요? 난 아무도 죽인 적이 없어요.”

“이스트 마녀는 분명히 당신의 집에 깔려 죽었어요. 저기 좀 보세요.”

노스 마녀가 가리키는 곳을 보니 과연 은 구두를 신은 발 두 개가 보였습니다. 도로시는 소스라치게 놀랐습니다.

"어머, 정말 우리 집에 사람이 깔렸네! 이 일을 어쩌면 좋아!"

"걱정하지 마세요. 이스트 마녀는 오랫동안 만티킨 사람들을 괴롭혀 왔어요. 당신 덕분에 나쁜 마녀가 죽어서 사람들이 모두 기뻐하고 있답니다."

노스 마녀가 미소를 지으며 도로시에게 말했습니다.

"집으로 돌아가고 싶어요. 도와주세요."

"크래프트 은하는 수많은 별들로 이루어져 있지요. 은하를 에워싸고 있는 거대한 암흑 물질들 때문에 이곳을 빠져나갈 수 없어요. 그냥 우리랑 여기서 살아요."

도로시는 영영 집으로 돌아갈 수 없을지도 모른다는 생각에 그만 울음을 터뜨리고 말았습니다. 만티킨 사람들도 노스 마녀도 모두 함께 눈물을 흘렸습니다. 노스 마녀는 다정하게 도로시를 달래 주었습니다.

"하지만 방법이 아예 없는 건 아니에요. 여기는 오즈 우주랍니다. 이 우주의 중심으로 가면 에메랄드 행성이 있어요. 그곳에 사는 오즈 우주의 마법사라면 당신을 도와줄 수 있을 거예요."

"에메랄드 행성엔 어떻게 가죠?"

"에메랄드 행성을 가려면 반드시 노란 별 3개를 순서대로 거쳐 가야 해요."

노스 마녀가 손가락을 뻗어 집을 가리키자 벽에 에메랄드 행성까지 가는 지도가 나타났습니다.

"화살표대로 행성을 거쳐 가면 에메랄드 행성에 다다를 수 있어요."

"마녀님도 같이 가시나요?"

노스 마녀는 이스트 마녀의 은 구두를 벗겨 도로시에게 건네며 말했습니다.

"나는 갈 수 없어요. 대신 이 은 구두를 가지고 가세요. 그러면 아무도 당신을 해치지 못할 거예요. 우주를 향해 날아

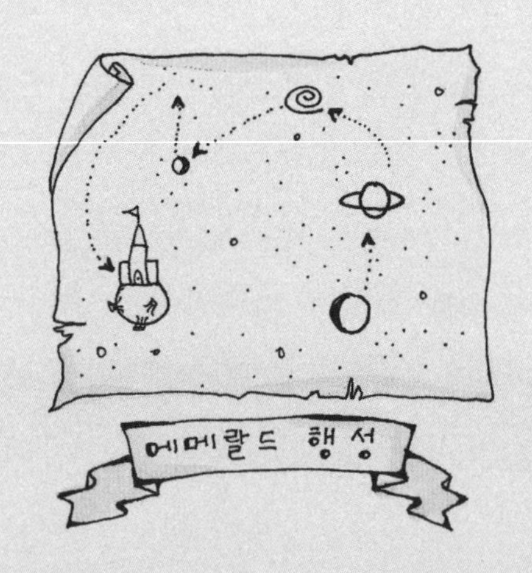

갈 때는 구두의 왼쪽 발꿈치를 땅에 대고 3번 돌면 돼요."

노스 마녀는 이렇게 얘기하고 눈 깜짝할 사이에 사라졌습니다. 마녀가 갑자기 사라지자 토토는 이상하다는 듯 짖어댔습니다.

도로시는 은 구두를 신고 발꿈치를 땅에 댄 다음 빙그르 3번 돌았습니다. 순간 도로시는 엄청난 속력으로 위로 날아올랐습니다. 토토는 도로시의 팔에 안겨 있었습니다. 만티킨 사람들이 멀리서 손을 흔들고 있었습니다. 도로시는 만티킨 스타를 떠나 우주 공간을 날아가고 있었습니다.

저 멀리에 노스 마녀가 가르쳐 준 첫 번째 노랑 행성이 보였습니다. 도로시는 행성에 착륙했습니다. 도로시가 떨어진 곳은 커다란 밀밭 한가운데였습니다. 그런데 이 행성은 정신이 어지러울 정도로 빠르게 돌고 있었습니다.

노스 마녀의 마법 덕분에 만티킨 스타의 큰 중력을 이겨 낼 수 있었지만, 이 행성에서는 왠지 발을 떼기가 더욱 힘들었습니다. 또한 정신없을 정도로 빠른 자전 때문에 도로시는 우주 밖으로 밀려날 것 같았습니다.

갑자기 토토가 짖어 대기 시작했습니다. 무슨 일인가 보았더니 밀밭 한가운데 허수아비가 있었습니다. 도로시가 허수아비를 쳐다보자 허수아비는 한쪽 눈을 깜박거렸습니다.

"안녕!"

허수아비가 도로시를 보고 인사했습니다.

"어머, 너 말을 할 줄 아니?"

도로시가 깜짝 놀라서 물었습니다.

"물론이지. 내 등 뒤에 꽂혀 있는 막대기를 좀 빼 줘."

도로시가 등에 꽂힌 막대기를 빼 주자 허수아비가 기지개를 켜며 도로시에게 걸어왔습니다.

"너는 누구니?"

"난 도로시야. 오즈 우주의 마법사를 만나러 에메랄드 행성으로 가는 중이지."

"에메랄드 행성이 뭐지?"

"너도 잘 모르는구나."

"난 뇌가 없어. 내 머릿속은 밀짚으로 가득 차 있거든."

그 말을 들은 도로시는 갑자기 허수아비가 불쌍하다는 생각이 들었습니다.

"너도 오즈 우주의 마법사에게 뇌를 달라고 해 봐."

"그럴까? 내 소원도 들어 주실까?"

"그런데 여기는 왜 이렇게 걷기가 힘든 거지? 그리고 이 행성은 왜 이리 빨리 도는 거야?"

"난 뇌가 없어서 그런 건 몰라. 하지만 여기에 온 사람들은

모두 저쪽에 있는 건물로 들어가더라.”

도로시는 허수아비가 가리키는 건물로 들어갔습니다. 그 건물에는 이 행성에 대한 모든 정보가 기록되어 있었습니다.

이 행성의 이름은 중성자별이다. 원래는 무척 크고 뜨거운 별이었지만 지금은 조그맣게 수축되어 중력이 어마어마하게 큰 별이 되었다. 중성자별은 1초에 1번 자전을 한다.

도로시는 그제야 중성자별이 죽은 별이라는 사실을 알게 되었습니다. 도로시는 건물 안을 둘러보았습니다. 조그만 로켓 하나가 보였습니다. 도로시와 허수아비는 로켓에 탔습니다. 순간 로켓은 커다란 소리를 내며 중성자별을 박차고 날아올랐습니다. 저 멀리에 두 번째 노랑 행성이 보였습니다.

도로시 일행은 두 번째 노랑 행성에 착륙했습니다.

이 행성은 온통 단단한 노랑 돌로 이루어져 있었습니다. 그때 어디선가 신음 소리가 들려왔습니다.

“이게 무슨 소리지?”

도로시와 허수아비는 신음 소리가 나는 곳으로 갔습니다. 큰 나무 한 그루가 베어져 있고, 그 옆에 도끼를 든 나무꾼이 우뚝 서 있었습니다. 그런데 그 나무꾼은 반짝이는 양철로 만들어져 있었습니다.

"지금 신음 소리를 낸 게 너니?"

도로시가 물었습니다.

"그래, 나는 일 년 내내 여기에 서서 소리치고 있었지만 아무도 도와주는 사람이 없었어."

양철 나무꾼이 대답했습니다. 도로시는 양철 나무꾼이 불쌍한 생각이 들어서 물었습니다.

"같이 어떻게 도와주면 되지?"

"바닥에서 뭔가가 나를 잡아당기고 있는 것 같아. 팔도 들어올릴 수 없거든."

도로시는 바닥의 노랑 돌을 유심히 들여다보았습니다. 놀랍게도 노랑 돌들은 단순한 돌이 아니라 자석이었습니다. 자석이 철을 잡아당기기 때문에 양철 나무꾼이 움직일 수 없었던 것이지요. 도로시는 주위를 둘러보더니 갑자기 무언가를 만들기 시작했습니다. 도로시는 그 무언가를 들고 나무 위로 올라가 양철 나무꾼의 머리에 가져다 대었습니다. 그러자 신기하게도 양철 나무꾼의 팔다리가 마음대로 움직일 수 있게 되었습니다.

"도대체 어떻게 한 거지?"

"내가 들고 있는 건 전자석이야. 그러니까 전기를 이용한 자석이지. 바닥의 자석이 너를 당기는 힘보다 더 큰 힘으로 전자석이 잡아당기니까 네가 움직일 수 있는 거야."

양철 나무꾼은 날아갈 듯이 좋아했습니다. 하지만 잠시 후 양철 나무꾼은 시무룩해졌습니다.

"왜, 무슨 고민이 있니?"

도로시가 물어보았습니다.

"나는 심장이 없어. 나도 사람들처럼 가슴속에서 뛰는 심장을 가지고 싶어."

"그럼 우리랑 같이 가면 되겠다. 여기는 자석 행성이라 너 같이 철로 만들어진 사람은 살기 불편할 거야."

"어디를 가는데?"

"우리는 오즈 우주의 마법사에게 소원을 빌기 위해 에메랄드 행성으로 가고 있는 중이야."

"좋아, 나도 따라가겠어."

이제 도로시 일행은 4명으로 늘어났습니다.

도로시 일행은 다시 로켓을 타고 세 번째 노랑 행성으로 날아갔습니다. 세 번째 행성은 숲으로 뒤덮여 있는 아름다운 행성이었습니다.

갑자기 숲속에서 무시무시한 짐승의 울음소리가 들려오더니 커다란 사자 한 마리가 튀어 나왔습니다. 토토가 깜짝 놀라 짖어 대자 사자는 큰 입을 벌리고 토토를 향해 달려들었습니다. 양철 나무꾼과 허수아비는 놀라서 뒤로 숨었습니다. 그때 도로시는 위험을 무릅쓰고 사자에게 달려 나가 사자의 콧등을 힘껏 후려쳤습니다.

"아야, 그만 해요. 무섭단 말이에요."

"뭐야, 말하는 사자잖아?"

"여기는 말하는 동물들이 모여 사는 옐로주 행성이에요. 저를 때리지 마세요."

사자는 눈물을 뚝뚝 흘리며 말했습니다.

"무슨 사자가 저렇게 겁이 많담?"

양철 나무꾼이 말했습니다.

"저는 용기가 없는 사자예요."

그때 생쥐 한 마리가 사자의 발을 밟고 지나갔습니다. 순간 사자는 깜짝 놀라 뒤로 나동그라졌습니다.

"생쥐가 무서워요."

사자는 소리 내어 울었습니다. 도로시는 겁쟁이 사자가 불쌍하다는 생각이 들었습니다.

"너도 우리랑 같이 가자. 오즈 우주의 마법사가 너에게 용기를 줄 수 있을 거야."

"나도 용기만 있으면 다시 숲 속의 제왕이 될 수 있을 거야."

이리하여 도로시 일행은 토토와 허수아비, 양철 나무꾼, 겁쟁이 사자 이렇게 5명이 되었습니다. 이제 도로시 일행은 거쳐야 할 행성을 모두 지나쳤습니다. 그들은 에메랄드 행성을 찾아 아름다운 우주로 날아갔습니다.

갑자기 로켓이 흔들리기 시작했습니다. 도로시 일행은 조종석으로 달려갔습니다. 많은 물질들이 어디론가 빨려 들어가고 있었습니다.

"블랙홀이야. 저 안에 빨려 들어가면 웜홀을 통해 알지도 못하는 우주로 가게 될 거야. 어서 방향을 바꿔."

양철 나무꾼이 소리쳤습니다. 도로시는 열심히 핸들을 돌려 보았습니다. 하지만 그럴수록 점점 더 로켓은 웜홀로 빨려 들어가고 있었습니다. 도로시 일행이 탄 로켓은 결국 웜홀로 빨려 들어갔습니다. 로켓은 어둡고 좁은 통로를 지나서 화이트홀을 통해 튀어 나왔습니다.

주위에는 아무것도 없었습니다. 잠시 후 조종석에 조그만 점이 부글부글 끓고 있는 모습이 보였습니다.

"저건 뭐지?"

도로시가 물었습니다.

"큰일이야. 지금 저기에서 우주가 만들어지고 있어. 물질들이 아주 높은 온도에서 한 점을 향해 모여들어 높은 압력으로 있다가 대폭발을 하면서 아주 크게 팽창하거든. 그걸 빅뱅이라고 불러."

우주에 대해 많이 알고 있는 양철 나무꾼이 말했습니다.

"그럼 어떻게 하면 되지?"

"도망쳐야 해. 하지만 너무 늦은 것 같군. 곧 폭발할 거야."

양철 나무꾼의 말대로 우주의 대폭발로부터 피하기에는 너무 늦었습니다. 어마어마한 소리와 함께 로켓은 다른 물질들과 더불어 상상할 수도 없는 빠른 속도로 날아가 버렸습니다. 도로시 일행은 로켓 안에서 여기저기 부딪쳤습니다.

갑자기 로켓이 조용히 움직이기 시작했습니다. 잠시 기절했다가 깨어난 도로시는 로켓 안을 둘러보았습니다. 친구들이 여기저기에 기절해 있었습니다. 도로시는 친구들을 깨웠습니다. 모두들 크게 다치지는 않았지만 많이 놀란 표정이었습니다.

"여기가 어디지?"

도로시는 바깥을 둘러보았습니다. 하지만 이곳이 어디인지 도무지 알 수가 없었습니다.

"내가 로켓 밖으로 나가서 알아볼게."

허수아비는 이렇게 말하고 자신의 몸을 줄로 묶은 뒤 로켓 밖으로 나갔습니다.

동그란 얼굴에 꼬리만 달린 이상하게 생긴 동물들이 여기저기 보였습니다. 허수아비는 그중 1마리에게 다가가 물었습니다.

"너희들은 누구니?"

"우린 우주를 떠돌아다니는 수소야."

"근데 굉장히 많구나."

"우리들이 많이 흩어져 있으면 구름처럼 보이거든. 여기는 바로 나블라 성운이라는 곳이야. 수소들의 숲이지."

그때 수소 한 마리가 돌아다니며 다른 수소들에게 이렇게 말했습니다.

"저기 수소들이 없는 텅 빈 곳이 있대. 우리 거기 가서 뭉치자."

갑자기 수소들이 우르르 어디론가 움직이기 시작했습니다. 허수아비는 우르르 몰려드는 수소들 때문에 로켓에 연결된 줄을 놓치고 수소들과 함께 무서운 속도로 어딘가를 향해 갔습니다.

"허수아비가 끌려가고 있어."

모니터로 로켓 주위를 보고 있던 도로시가 깜짝 놀라 소리쳤습니다. 도로시 일행은 로켓을 타고 허수아비의 뒤를 따라 갔습니다.

여기저기서 몰려든 수소들이 한곳에 모여 솜사탕처럼 점점 부풀어오르기 시작했습니다.

"수소들이 모여 별을 만들고 있어."

양철 나무꾼이 말했습니다.

"허수아비는 어떻게 되는 거지?"

도로시가 걱정스러운 표정으로 말했습니다.

"저대로 빨려 들어가면 허수아비와 수소들이 달라붙어 별이 되어 버릴 거야. 빨리 구해야 해."

도로시는 터보 엔진을 작동시켰습니다. 로켓이 점점 빨라졌습니다. 도로시는 허수아비에게 줄을 던졌습니다. 허수아비는 재빨리 줄을 잡고 로켓에 매달렸습니다.

그때 엄청나게 많은 수소들이 로켓과 부딪치면서 로켓이 고장났습니다. 그리고 수소들과 함께 로켓은 수소들이 뭉쳐진 곳으로 빨려 들어가고 있었습니다.

도로시 일행에게는 커다란 위기였습니다. 그때 셀 수 없이 많은 들쥐들이 나타났습니다. 들쥐 떼는 로켓을 뒤로 밀었습니다. 그 덕분에 도로시 일행은 수소와 달라붙어 별이 되는 신세를 면할 수 있었습니다.

허수아비도 다시 로켓 안으로 들어왔습니다. 도로시는 자신들을 구해 준 들쥐들에게 고마움을 표시하고 싶었습니다. 도로시는 들쥐 떼들의 대장을 로켓으로 초청했습니다. 그리고 조그만 파티를 열었습니다.

"저희를 구해 주셔서 고맙습니다."

도로시가 공손하게 들쥐 대장에게 인사했습니다.

"저희는 얼떨결에 밀려 나왔을 뿐인데요."

"네? 밀려 나온 거라고요? 도대체 어디서 밀려 나왔지요?"

"저희들은 에메랄드 행성에 사는 들쥐 떼들이에요."

"에메랄드 행성!"

도로시 일행은 깜짝 놀랐습니다. 도로시 일행이 가려는 곳이었기 때문입니다.

"그런데 어떻게 이리로 온 거죠?"

"웨스트 마녀 때문이죠."

도로시는 갑자기 나쁜 마녀 중의 한 명인 웨스트 마녀가 아직 남아 있다는 것이 떠올랐습니다. 들쥐 대장은 계속 말했습니다.

"우리는 에메랄드 행성의 조용한 시골에서 사는 들쥐들입니다. 그런데 웨스트 마녀가 들쥐들이 보기 싫다고 우리를 모두 블랙홀에 빠뜨렸어요. 그래서 웜홀을 통과해 화이트홀을 빠져나오다가 여러분의 로켓과 우연히 부딪친 거지요."

"에메랄드 행성은 어디에 있나요?"

"저희를 따라오세요. 저희는 이곳에 자주 와 봐서 돌아가는 길을 알아요."

들쥐 대장은 이렇게 말하고 로켓 밖으로 나갔습니다. 도로시 일행은 들쥐 떼를 따라갔습니다. 들쥐들이 다시 블랙홀로 빨려 들어갔습니다. 도로시 일행도 로켓을 타고 따라 들어갔습니다.

다시 어두운 웜홀을 통과해 들쥐 떼와 함께 화이트홀을 통해 빠져나온 도로시 일행 앞에 아름다운 초록 행성이 나타났습니다. 이미 들쥐 떼는 그 행성에 착륙해 뛰어놀고 있었습니다.

"이곳이 에메랄드 행성인가 봐."

도로시는 아름다운 에메랄드빛 행성에서 눈을 뗄 수가 없었습니다. 도로시 일행이 탄 로켓은 낙하산을 펴고 에메랄드 행성에 착륙했습니다.

행성은 모두 에메랄드로 이루어져 있어서 눈이 부셨습니

다. 그중에서도 가장 아름다운 것은, 높게 솟은 첨탑이 있는 에메랄드 성이었습니다.

"저기가 오즈 우주의 마법사가 사는 곳이야."

도로시가 크게 소리쳤습니다. 도로시 일행은 에메랄드 성으로 향하는 계단을 올라갔습니다. 드디어 도로시 일행은 꼭대기에 있는 에메랄드 성에 도착했습니다. 에메랄드 성은 멀리서 볼 때보다 더 반짝거렸습니다.

도로시는 성문에 달린 초인종을 눌렀습니다. 맑고 아름다운 소리가 나면서 커다란 문이 천천히 열렸습니다.

"나는 에메랄드 성의 문지기입니다. 무슨 일로 오셨습니까?"

조그만 체구의 피부가 초록빛인 남자가 말했습니다.

"오즈 우주의 마법사를 만나고 싶어요. 만나게 해 주세요."

"마법사님은 오즈 우주의 대왕이십니다. 만일 마법사님께 시시한 일을 부탁하면 큰 벌을 내릴 것입니다."

"아주 중요한 부탁이에요. 제발 만나게 해 주세요."

"좋습니다. 모두 이 안경을 쓰세요."

문지기가 말했습니다.

"왜 안경을 써야 하죠?"

도로시가 이상하다는 듯이 물었습니다.

“에메랄드 성은 눈에 보이지 않는 자외선을 뿜어내고 있습니다. 안경을 안 쓰면 강한 자외선 때문에 눈이 멀 수도 있어요.”

도로시 일행은 겁에 질려 문지기가 나누어 준 안경을 서둘러 썼습니다. 도로시 일행은 문지기를 따라 에메랄드 성안으로 들어갔습니다.

도로시 일행은 커다란 홀을 지나갔습니다. 모든 것들이 에메랄드로 만들어져 반짝거렸습니다. 문지기는 홀을 지나 가장 큰 방으로 도로시 일행을 데리고 갔습니다.

“이곳이 위대하신 오즈 우주의 마법사님이 계신 방입니다.

잠시 기다리세요."

문지기는 이렇게 말하고 혼자 방 안으로 들어갔습니다. 잠시 후 다시 밖으로 나온 문지기가 말했습니다.

"오즈 우주의 마법사님께서 모두 들어오라고 하십니다."

도로시 일행은 문지기를 따라 방으로 들어갔습니다. 아무것도 없는 휑한 방이었습니다.

"마법사님은 어디 계시죠?"

도로시가 물었습니다. 그때 사람은 보이지 않고 소리만 들려왔습니다.

"나는 오즈 우주의 마법사다. 너희들은 무슨 소원이 있어서 온 거지?"

소리가 하도 커서 도로시 일행은 모두 깜짝 놀랐습니다. 토토는 소리가 나는 곳을 찾아 두리번거렸습니다.

몸통 없이 머리만 있는 사람의 모습이 화면에 나타났습니다. 화면에 비친 얼굴은 무시무시한 모습이었습니다. 눈과 코는 없었으며 커다란 입만 움직이고 있었습니다.

"오즈 우주의 마법사님, 저희들을 도와주세요."

도로시가 사정했습니다.

"지금은 너희들을 도와줄 수 없느니라."

마법사의 입이 다시 움직였습니다.

"왜 못 도와주신다는 거죠? 만티킨 사람들은 마법사 님이 도와줄 거라고 말했어요. 그래서 죽을 고비를 넘겨 가면서 이 먼 거리를 찾아온 거라고요."

도로시는 그대로 주저앉아 엉엉 울었습니다. 도로시의 친구들도 따라 울었습니다. 그때 다시 마법사의 입이 움직였습니다.

"그렇다면 내가 너희들에게 기회를 주겠다. 크래프트 은하의 웨스트 마녀가 요즈음 평화로운 에메랄드 행성 사람들을 괴롭히고 있어. 너희들이 우리를 먼저 도와준다면 나도 너희들의 소원을 들어주겠다."

“저도 웨스트 마녀에 대한 얘기는 들었어요. 제가 만티킨 스타에 도착했을 때 나쁜 마녀 중 하나인 이스트 마녀가 저희 집에 깔려 죽었어요. 제가 신고 있는 이 은 구두가 바로 이스트 마녀의 구두예요.”

도로시가 자신에 찬 표정으로 얘기했습니다.

“이스트 마녀가 사라졌다고? 그래서 요즘 통 안 보였군. 그렇다면 웨스트 마녀도 죽일 수 있겠구나.”

마법사의 화면이 갑자기 사라졌습니다.

마법사의 방을 나온 도로시 일행은 문지기의 안내를 받아 조그만 방으로 갔습니다. 그 방에는 많은 컴퓨터가 설치되어 있었습니다.

“이 컴퓨터들은 뭐죠?”

도로시가 물었습니다.

“오즈 우주의 모든 행성들은 오즈넷이라는 통신망에 의해 연결되어 있습니다. 그러니까 필요한 자료는 이 컴퓨터를 통해 모두 찾을 수 있을 것입니다. 그래서 이 방으로 데리고 온 것이지요.”

문지기는 이렇게 말하고 방을 떠났습니다. 이제 도로시 일행은 웨스트 마녀를 죽일 묘안을 찾아야 했습니다. 도로시는 방 가운데 있는 가장 커다란 컴퓨터 앞에 앉았습니다. 그때 컴퓨터가 말했습니다.

“뭐든지 물어보세요.”

“어머, 컴퓨터가 말을 하네.”

도로시 일행은 깜짝 놀라 컴퓨터에서 떨어졌습니다. 그때 컴퓨터가 다시 말했습니다.

“저는 인공 지능 컴퓨터인 오즈토피아입니다. 제게는 오즈 우주에 대한 모든 정보가 들어 있지요. 아무 걱정 마시고 뭐든지 물어보세요.”

“정말 아무 것이나 물어봐도 돼요?”

도로시는 의심이 들어 되물었습니다.

“저는 거짓말을 하지 않습니다.”

“좋아요, 그럼 웨스트 마녀가 있는 곳을 알려 주세요.”

컴퓨터가 바쁘게 돌아가더니 화면에 지도가 나타났습니다.

“지금 동그라미로 표시되어 있는 곳이 바로 웨스트 마녀가 있는 곳입니다.”

“저길 봐. 웨스트 마녀가 에메랄드 행성 근처에 있어.”

도로시가 놀라서 소리쳤습니다. 마녀의 위치를 나타내는 동그라미가 점점 더 가까워지고 있었습니다. 그때 허수아비가 소리쳤습니다.

“저길 봐, 웨스트 마녀야!”

웨스트 마녀가 수천 마리의 로봇 까마귀를 데리고 에메랄드 행성을 공격하러 온 것이었습니다. 로봇 까마귀들이 부리로 레이저 빔을 쏘았습니다. 도로시 일행은 서둘러 방에서 빠져나왔습니다. 성안의 사람들이 지하로 바쁘게 대피하고 있었습니다. 도로시 일행도 그들을 따라서 지하로 대피했습니다.

"일주일의 시간을 주겠다. 일주일 안으로 성을 모두 비우고 이 행성을 떠나라. 그때까지 떠나지 않으면 너희들은 평생 노예가 될 것이다."

웨스트 마녀의 목소리였습니다. 웨스트 마녀와 수천 마리의 로봇 까마귀들은 에메랄드 행성에 경고를 하고 떠나가 버렸습니다.

도로시 일행은 지하 대피소에서 나왔습니다. 그리고 다시 컴퓨터가 있는 방으로 갔습니다.

"오즈토피아, 우리를 도와줘. 일주일 안에 웨스트 마녀와 수천 마리 로봇 까마귀를 물리치는 방법을 알려 줘."

"웨스트 마녀에게는 중요한 비밀이 있어. 하지만 그 비밀을 아는 사람은 크래프트 은하의 사우스 마녀뿐이야."

"그럼 사우스 마녀와 화상 채팅을 하게 해 줘."

"오케이."

잠시 후 컴퓨터에는 노스 마녀와 똑같이 생긴 마녀가 나타났습니다.

"누가 나를 찾은 거지?"

"당신은 노스 마녀?"

"난 사우스 마녀야. 노스 마녀와 나는 쌍둥이란다."

"저희를 도와주세요."

"네가 이스트 마녀를 없앤 도로시라는 아이구나."

"네, 웨스트 마녀의 비밀을 알려 주세요."

도로시는 눈물을 뚝뚝 흘렸습니다.

"도로시, 웨스트 마녀는 복제 인간이야. 그녀는 사실 예전에 죽었단다. 그런데 안티크 행성에 있는 게놈이라는 못된 과학자가 그녀를 복제한 거야."

“복제 인간? 그럼 우리가 싸우기 더 힘들잖아요?”

“오즈토피아에게 앤트라 박사의 위치를 물어봐. 그가 마녀를 물리칠 수 있는 방법을 알고 있어.”

사우스 마녀가 화면에서 사라졌습니다.

도로시는 오즈토피아에게 앤트라 박사가 있는 곳을 물어보았습니다. 그리고 그가 에메랄드 행성에서 가까운 이클립스 행성에 산다는 사실을 알아냈습니다.

도로시 일행은 비행접시를 타고 이클립스 행성으로 날아갔습니다. 그때 갑자기 수천 마리의 로봇 까마귀들이 몰려들었습니다. 로봇 까마귀들은 레이저 빔을 쏘면서 도로시 일행이 탄 비행접시를 공격했습니다.

“차단막을 씌워야겠어.”

양철 나무꾼이 급하게 말했습니다.

"하지만 그러면 비행접시가 느려질 텐데."

도로시가 걱정스러운 표정으로 말했습니다.

"이대로 있다간 비행접시가 녹아 버릴지도 몰라."

양철 나무꾼이 다급하게 소리쳤습니다. 결국 도로시는 비행접시에 차단막을 씌웠습니다. 비행접시가 느려지긴 했지만 차단막 때문에 레이저 빔의 공격을 막을 수 있었습니다.

레이저 빔이 소용없게 되자 로봇 까마귀들은 로켓을 에워쌌습니다. 그리고 부리로 차단막을 쪼기 시작했습니다.

"큰일 났어. 차단막이 뚫어질 것 같아."

양철 나무꾼이 말했습니다.

“사우스 마녀님, 노스 마녀님, 저희를 도와주세요.”

도로시는 두 착한 마녀에게 도와달라는 기도를 드렸습니다. 그때 갑자기 까마귀 한 마리가 나타났습니다. 이 까마귀는 웨스트 마녀의 까마귀와 같은 모양이었지만 색깔이 달랐습니다. 웨스트 마녀의 까마귀가 검정색인 반면 이 까마귀는 흰색이었습니다.

그런데 이상한 일이 벌어졌습니다. 흰 까마귀와 검은 까마귀가 부딪치자 2마리의 까마귀는 그 자리에서 사라지고 아주 밝은 빛이 나타났습니다. 그 빛에 놀란 검은 까마귀들은 모두 도망쳐 버렸습니다.

이렇게 하여 도로시 일행은 무사히 이클립스 행성에 도착했습니다. 그 행성에는 동그란 돔 모양의 건물이 있었습니다. 비행접시가 건물에 다가가자 돔이 열렸습니다. 도로시 일행이 탄 비행접시는 돔 속으로 들어갔습니다.

“나는 이클립스 행성의 물리학자 앤트라 박사입니다. 당신들은 누구죠?”

“저희는 사우스 마녀의 소개로 왔습니다.”

“그래요? 그렇다면 웨스트 마녀 때문이군요.”

“어떻게 그걸 아세요?”

도로시가 놀라서 물었습니다.

"오즈 우주에서 웨스트 마녀를 없애는 방법은 나만이 알고 있지요."

앤트라 박사의 말에 도로시 일행의 얼굴 표정이 밝아졌습니다.

"방법이 뭐죠?"

"여러분은 여기 올 때 검은 까마귀의 공격을 받았지요?"

"네, 그래요. 모르는 게 없는 분이시군요."

"이 주변에서 일어나는 일들은 나의 망원경으로 모두 관측되고 있지요."

앤트라 박사는 도로시 일행에게 망원경을 보여 주었습니다. 망원경에 웨스트 마녀와 수천 마리의 검은 까마귀들이

보였습니다.

“마녀가 아직 이 근처에 있어요.”

“걱정 말아요. 절대 이 행성은 공격하지 못하니까.”

“그건 왜죠?”

“이 행성에는 그들이 두려워하는 무기가 있거든요.”

앤트라 박사의 믿음직스러운 말에 도로시 일행은 자신감을 얻었습니다.

앤트라 박사는 다시 말을 이었습니다.

“내가 보낸 흰 까마귀를 기억하나요?”

“네. 그런데 흰 까마귀와 검은 까마귀가 부딪치는 순간 빛이 나오면서 두 마리 다 사라져 버렸어요. 왜 그런 거죠?”

“입자와 반입자 때문이죠. 모든 물질은 원자로 이루어져 있어요. 그리고 원자는 전자가 양성자 주위를 돌고 있는 모습이지요. 그런데 양성자와 질량은 같고 반대의 전기를 띤 것을 양성자의 반입자라고 해서 반양성자라고 불러요. 마찬가지로 전자의 반입자를 양전자라고 부르지요. 그러니까 양성자 주위를 전자가 도는 것이 원자라면, 반양성자 주위를 양전자가 도는 것이 반원자예요.”

“그것이 웨스트 마녀를 없애는 것과 무슨 관계가 있죠?”

“원자와 반원자가 서로 부딪치면 빛이 발생하면서 사라져 버리지요. 검은 까마귀와 흰 까마귀가 부딪치면 빛을 내고 사라지듯이.”

“그럼 흰 까마귀를 검은 까마귀의 수만큼 만들면 되겠군요.”

“바로 그겁니다. 그러니까 검은 까마귀의 반까마귀를 만드는 거죠.”

“까마귀는 그렇다 치고, 마녀는 어떡하죠?”

“반마녀를 만들면 돼요. 나는 마녀를 복제한 유전자 지도를 가지고 있어요. 그러니까 그 유전자들을 모두 반유전자로 바꿔 복제하면 마녀의 반입자인 반마녀가 만들어지지요.”

“어려워서 무슨 소린지 하나도 모르겠어요.”

뇌가 없는 허수아비가 지루한 듯 말문을 열었습니다. 겁쟁이 사자는 토토를 안고 잠을 자고 있었습니다. 그러나 도로시와 양철 나무꾼은 웨스트 마녀를 없앨 수 있다는 확신을 가지게 되었습니다.

그날부터 앤트라 박사는 수천 마리의 반까마귀와 반마녀를 만드는 일에 열중했습니다. 도로시 일행도 그 일을 도왔습니다. 모든 반물질들이 완성되고 도로시 일행은 수천 마리의 반까마귀와 반마녀를 데리고 에메랄드 행성으로 되돌아갔습니다.

드디어 웨스트 마녀가 얘기한 날이 되었습니다. 웨스트 마녀가 빗자루를 타고 수천 마리의 검은 까마귀들과 함께 에메랄드 성을 에워쌌습니다.

"아직도 성안에 있다니. 나의 말을 우습게 여기는 건가? 모두 공격해라."

웨스트 마녀의 말이 떨어지자마자 검은 까마귀들이 성으로 몰려들었습니다. 그 순간 같은 수의 흰 까마귀들이 검은 까마귀를 향해 날아갔습니다. 두 마리의 까마귀가 부딪치는 순간 빛으로 변해 버렸습니다. 하늘은 까마귀와 반까마귀가 만들어 내는 빛으로 번쩍거렸습니다.

그때 뭔가 이상하다고 느낀 웨스트 마녀가 도망을 치기 시작했습니다. 하지만 이미 그럴 것을 예측하고 도로시는 반마녀를 그곳에 대기시켜 두었습니다. 마녀는 반마녀를 피해 이리저리 도망을 다녔지만 결국 반마녀와 살짝 스치면서 하늘에서 밝은 빛이 되어 사라졌습니다. 이제 오즈 우주에 나쁜 마녀는 없어지고, 착한 마녀만 살게 되었습니다.

도로시 일행과 에메랄드 성 사람들은 기뻐서 환호성을 질렀습니다. 그때 북쪽 하늘에는 노스 마녀가, 남쪽 하늘에는 사우드 마녀가 나타나 도로시에게 윙크를 했습니다.

도로시 일행은 오즈 우주의 마법사의 방으로 달려갔습니다. 그곳에서 도로시 일행은 이상한 사람을 목격했습니다. 50대 중반으로 보이는 대머리의 남자가 스크린 앞에서 빔 프로젝트를 만지작거리고 있었습니다. 스크린에는 지난번에 본 입만 움직이는 괴물의 얼굴이 보였습니다.

순간 도로시는 처음부터 오즈 우주의 마법사 따위는 없었다는 것을 알게 되었습니다. 그리고 바로 이 남자가 빔 프로젝트를 이용해 사람들에게 사기를 쳤다는 사실도 알게 되었습니다.

"죄송해요. 나도 당신처럼 웜홀에 빨려 들어 이곳 우주로 오게 되었어요. 사실 나는 영화감독이었어요. 내가 이 행성

에 빔 프로젝트와 스크린을 가지고 와서 장난을 쳤더니 사람들이 나를 위대한 마법사로 모시기에 계속 마법사 노릇을 하고 있었던 거예요."

정체가 탄로 난 마법사가 눈물을 흘리면서 얘기했습니다.

"그럼 저희들의 소원은 어떻게 되는 거죠?"

도로시 일행이 일제히 물었습니다.

"모든 것은 마음먹기에 달려 있답니다. 자신이 있다고 믿으면 그것은 있는 것이 되고, 없다고 믿으면 없는 것이 되는 거예요. 제가 여러분의 문제를 하나씩 해결해 드리지요."

"하지만 당신은 마법사가 아니잖아요!"

허수아비가 못 믿겠다는 표정으로 물었습니다.

"당신은 뇌를 갖고 싶다고 했지요? 자, 이것을 받으세요."

허수아비는 종이 한 장을 받았습니다.

"이것은 오즈 대학의 물리학 박사 학위 증서예요. 이제부터 당신은 남보다 훨씬 똑똑한 뇌를 가진 박사입니다."

"내가 박사래, 박사!"

허수아비는 기뻐 날뛰었습니다.

"그럼 제 소원은요?"

양철 나무꾼이 물었습니다.

"당신은 심장이 필요하다고 했지요? 이것을 받아요."

마법사는 양철 나무꾼에게 재깍거리는 목걸이 시계를 주었습니다.

"내 심장이 규칙적으로 뛰고 있어. 이제 내게도 심장이 있어."

양철 나무꾼도 좋아했습니다. 마법사는 사자를 바라보며 말했습니다.

"당신은 용기가 있었으면 좋겠다고 했지요? 그럼 이걸 받아요."

마법사는 사자의 목에 금메달을 걸어 주었습니다. 금메달에는 동물 챔피언이라는 글씨가 쓰여 있었습니다.

"내가 동물 챔피언이래. 이제 나도 돌아가면 동물의 왕이 될 수 있어. 나는 왕이야, 왕."

사자는 기뻐서 어쩔 줄 몰라했습니다. 이제 남은 사람은 도로시뿐이었습니다. 도로시는 갑자기 엉엉 울었습니다.

"저는 종이나 시계나 메달 같은 건 필요 없어요. 빨리 집으로 가서 아저씨와 아줌마랑 함께 살고 싶어요."

"도로시, 미안해요. 사실 나도 이곳을 떠나 지구로 가는 방법은 몰라요. 나도 지구로 가서 다시 영화를 만들고 싶어요."

마법사도 도로시와 함께 울었습니다.

그때 사우스 마녀와 노스 마녀가 하늘에 나타났습니다.

"도로시 아가씨, 이 금 구두를 받아요. 이것은 죽은 웨스트 마녀의 것입니다. 이스트 마녀의 은 구두를 왼발에 신고 웨

스트 마녀의 금 구두를 오른발에 신은 다음 소원을 빌면 어떤 소원이든지 이루어진답니다. 당신은 우리 우주의 가장 못된 두 마녀를 없애 주었어요. 우리는 당신을 영원히 잊지 못할 거예요."

두 마녀는 사라지고 금 구두가 도로시 앞에 떨어졌습니다. 도로시의 얼굴에는 금세 환한 미소가 떠올랐습니다. 이제 집으로 돌아갈 방법이 생긴 것입니다.

도로시는 오즈 우주의 마법사에게 지구에 함께 가자고 했습니다. 그러나 한참을 생각하던 마법사는 어렵게 입을 열었습니다.

"저는 그냥 이 행성에 남겠어요. 그리고 남은 삶을 행성 사람들을 위해 봉사하면서 살아야 할 것 같군요."

도로시는 친구들의 손을 잡고 마녀의 말대로 왼발에는 은 구두를 오른발에는 금 구두를 신고 소원을 빌었습니다.

"우리를 각자의 고향으로 모두 데려다 줘. 아, 잠깐! 양철 나무꾼은 허수아비가 있는 행성으로!"

다음 순간 도로시는 갑자기 정신을 잃었습니다. 도로시가 정신을 차렸을 때 도로시와 토토는 캔자스의 드넓은 풀밭에 떨어져 있었습니다.

넓은 들판 한가운데 멋진 집이 있었습니다. 웜홀에 빨려 들어간 집 대신 헨리 아저씨가 새로 지은 집이었습니다.

"아저씨 아주머니, 도로시가 왔어요."

도로시는 맨발로 풀밭 위를 달려갔습니다. 토토도 신이 나서 그 뒤를 따라갔습니다.

"도로시, 어디 갔다 온 거니?"

엠 아주머니가 말했습니다.

"그동안 어떻게 지내셨어요? 두 분을 다시 만나서 정말 기뻐요. 곧 오즈 우주의 마법사 얘기를 들려드릴게요."

과학자 소개

천재 우주 물리학자 호킹 Stephen William Hawking, 1942~

호킹은 영국에서 열대병을 연구하는 생물학자의 아들로 태어났습니다. 10세 때부터 과학자가 되고자 하는 꿈을 가졌습니다.

그런데 1962년 케임브리지 대학원에 진학하였을 때 몸의 근육이 차례대로 파괴되는 루게릭병에 걸린 것을 알게 되었습니다. 시한부 삶이라는 선고를 받았지만, 좌절하지 않고 연구 활동에 온 힘을 쏟게 됩니다.

1965년부터 펜로즈와 함께 블랙홀에 대하여 연구를 시작하여, 1967년 블랙홀의 특이점을 정리하여 발표하였습니다. 1974년에는 '블랙홀 증발' 이론을 발표하고 영국 왕립 협회 회원으로 선발됩니다. 그리고 1990년에는 한국을 방문하여

‘블랙홀과 아기 우주’라는 제목으로 강연회를 열기도 하였습니다.

1985년 호킹은 폐렴으로 기관지 절개 수술을 받아 파이프를 가슴에 꽂아 호흡을 하고, 휠체어에 달린 음성 합성 장치를 통해 대화를 하여야만 했습니다. 의사는 고작 1~2년 정도밖에 살 수 없을 것이라고 했지만, 호킹은 휠체어 위에서 아직까지도 연구를 계속하고 있습니다.

세계 물리학계에서는 신체 장애를 가지고 있었지만 ‘블랙홀의 특이점 정리’와 ‘블랙홀 증발’, ‘양자 우주론’ 등 현대 물리학의 혁신적인 이론을 제시한 호킹을 갈릴레이, 뉴턴, 아인슈타인 다음으로 꼽고 있습니다.

과학 연대표

언제, 무슨 일이?

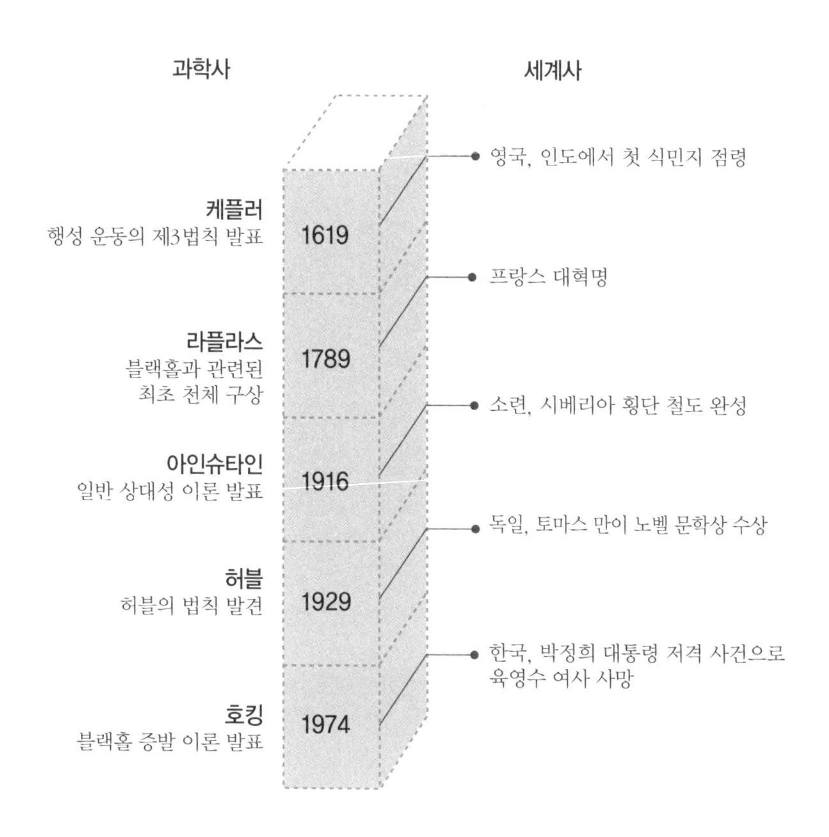

체크, 핵심 내용

이 책의 핵심은?

1. 우주 공간에는 아주 작은 알갱이들이 떠돌아다니고 있는데 그것을 □□ 물질이라고 부릅니다.
2. 그리스의 아리스토텔레스는 지구가 우주의 중심이고, 태양과 다른 행성들이 지구를 돌고 있다는 □□□ 을 주장하였습니다.
3. 호킹은 우주가 한 점에서 폭발해 현재 우주의 크기로 커졌다는 주장이 □□ 이론입니다.
4. 입자가 반입자와 부딪치면 둘 다 사라지고 에너지가 큰 빛만이 나오게 되는데, 이런 빛을 □□□ 이라고 부릅니다.
5. 블랙홀은 □□ 이라는 통로의 입구입니다.
6. 우주가 한 점으로 수축되는 것을 □□□□ 라고 합니다.

1. 성간 2. 천동설 3. 빅뱅 4. 감마선 5. 웜홀 6. 빅크런치

이슈, 현대 과학

우주 탄생의 비밀을 푸는 빅뱅 실험

2008년 9월 10일 오후 4시 39분, 수소 양성자 빔이 27km의 가속기를 한 바퀴 도는 실험이 성공했습니다.

스위스 제네바와 프랑스 국경 지대 지하 100m에 길이 27km의 원형 터널에 설치된 대형 강입자 충돌기(LHC)에서 이루어진 실험은 우주 초기의 대폭발을 재현하고자 하는 실험입니다.

'빅뱅 재현'에 쓰인 가속기는 '힉스 입자'라는 신의 입자를 찾기 위해서 지어진 거대한 강입자 가속기입니다.

힉스 입자는 질량을 갖게 하는 '매개 입자'로, 빛은 광자라는 매개 입자에 의해 전달되고, 중력은 중력자라는 매개 입자에 의해 전달된다고 과학자들은 말합니다. 그렇다면 질량은 어떤 '매개 입자'가 관여할까에 대한 의문점으로부터 '힉스 입자'라는 개념이 나오기 시작했습니다. 그렇다면 힉스 입자를 발견하기 위한 실험이 빅뱅과는 무슨 연관이 있을까요?

빅뱅이 일어나기 직전 우주는 초고온, 초고밀도, 초고압의 한 점의 에너지 형태였습니다.

이때 힉스 입자가 질량을 갖게 함과 동시에 순간적으로 가속을 하면 폭발이 일어나게 되는 것이죠. 그래서 힉스입자는 빅뱅과 밀접한 관련이 있습니다. 힉스 입자가 없었다면 우주는 여전히 초고온, 초고밀도, 초고압의 한 점의 '에너지'에 불과했을 테니까요.

이 실험을 위해서 양성자 2개를 서로 반대 방향으로 가속하여 충돌을 시킨다고 합니다. 양성자도 질량을 갖고 있기 때문에 엄청난 속도로 가속하면 깨질 것이고 깨지고 남은 여러 가지 소립자들을 분석해서 힉스 입자를 발견하자는 것이 실험의 취지입니다.

힉스 입자는 가설 상태에 불과하지만 만약 그 입자가 실제로 존재한다면 세상의 모든 입자 속에는 힉스 입자들이 존재할 것이기 때문에 질량을 갖는 것이죠. 힉스 입자가 어떻게 질량을 갖게 하는지는 차차 밝혀야 할 과제입니다. 말 그대로 힉스 입자는 아직 가설 단계에 있는 일종의 상상 속 입자이기 때문에, 이 입자가 발견되면 또 다른 실험을 거쳐 어떻게 질량을 갖게 하는지 밝혀지겠지요.

찾아보기

어디에 어떤 내용이?

ㄱ

가시광선 49

감마선 81

ㄴ

나선 은하 100

ㄷ

도플러 효과 56

딸 우주 91

ㅂ

반수소 81

반양성자 81

반입자 80

밝은 물질 14, 99

백색 왜성 32

변광성 55

별 11, 25

복사 68

블랙홀 36

빅뱅 이론 66

빅크런치 98

ㅅ

성간 가스 18

성간 물질 17, 25

성운 18

세페이드 변광성 55

ㅇ

암흑 물질 14, 99, 102

양전자 80

어미 우주 91

올베르스의 역설 44
외계 지능체(ETI) 112
우주 먼지 18
우주 지평선 61
원시별 19
웜홀 88
위성 12
인플레이션 78, 98

ㅈ

적색 거성 31
주계열성 30
중성자별 34
지동설 43

ㅊ

천동설 42
천체 11
초신성 폭발 33

ㅌ

태양 12
태양계 12, 109

ㅍ

파동의 골 47
파동 46
파동의 마루 47
파동의 파장 47
펄서 34
펄스 34
플라스마 26

ㅎ

항성 12
핵력 26
핵융합 25, 28, 66, 83
행성 11, 12
허블의 법칙 58
화이트홀 88